高职高专实验实训"十二五"规划教材

变频器安装、调试与维护 实验实训指导

主编　满海波　贾　洪
主审　佘　东

北　京

冶 金 工 业 出 版 社

2018

内 容 简 介

　　本书结合我国变频器的工程应用情况及一线工程技术人员的实际需求，以 MM420、MM440 等机型为例将参数设置、安装调试、工程案例有机地融为一体，分 5 部分讲解，主要内容包括：变频器的硬件及其说明，变频器的软件说明，MM 系列变频器的故障显示与保护，实验指导和实训指导。其中实验指导安排了 13 个实验，实训指导安排了 3 个项目。

　　本书为高职高专院校电气自动化技术、机电一体化技术、电子信息工程技术、生产过程自动化等专业实验用书，也可供相关工种的职工培训、高级电工与电工技师的定期复查及技能等级鉴定使用。

图书在版编目 (CIP) 数据

　　变频器安装、调试与维护实验实训指导/满海波，贾洪主编 . —北京：冶金工业出版社，2015.7（2018.8 重印）
　　高职高专实验实训 "十二五" 规划教材
　　ISBN 978-7-5024-6986-3

　　Ⅰ . ①变… 　Ⅱ . ①满… 　②贾… 　Ⅲ . ①变频器—安装—高等职业教育—教材 　②变频器—调试方法—高等职业教育—教材 　③变频器—维护—高等职业教育—教材 　Ⅳ . ①TN77

　　中国版本图书馆 CIP 数据核字（2015）第 166034 号

出 版 人　谭学余
地　　　址　北京市东城区嵩祝院北巷 39 号　邮编　100009　电话　(010)64027926
网　　　址　www. cnmip. com. cn　电子信箱　yjcbs@ cnmip. com. cn
责任编辑　俞跃春　贾怡雯　美术编辑　吕欣童　版式设计　孙跃红
责任校对　郑　娟　责任印制　李玉山
ISBN 978-7-5024-6986-3
冶金工业出版社出版发行；各地新华书店经销；三河市双峰印刷装订有限公司印刷
2015 年 7 月第 1 版，2018 年 8 月第 2 次印刷
787mm×1092mm　1/16；7.25 印张；174 千字；109 页
22. 00 元
冶金工业出版社　投稿电话　(010)64027932　投稿信箱　tougao@ cnmip. com. cn
冶金工业出版社营销中心　电话　(010)64044283　传真　(010)64027893
冶金书店　地址　北京市东四西大街 46 号(100010)　电话　(010)65289081(兼传真)
冶金工业出版社天猫旗舰店　yjgycbs. tmall. com
（本书如有印装质量问题，本社营销中心负责退换）

前　言

根据国家高技能人才培养的要求，为加快培养一大批结构合理，素质优良的技术技能型、复合技能型和知识技能型高技能人才，编者结合高等职业院校的教学要求编写了本书。

本书为满足相关的教学和培训的需要，结合 S7-300PLC、S7-400PLC、MM420、MM440、6SE70 变频器设备，紧密联系工厂实际精心编写。编者中除了有关专家、高级技师和一线教师，还有厂矿工程技术人员。在编写过程中，力求"简明实用，突出重点"，注重应用性、实践性和针对性。

第一，坚持以能力为本，编写形式上采用了理论和技能兼顾的模式，以任务驱动为主线，使本书更贴近实用。

第二，从推广综合应用的角度出发，突出了各项技术的综合和典型应用，以服务于生产实际。

第三，变频器的应用已经普及到工农业生产的各个领域，高职院校数控及机电类学生在参加工作后，大多数是变频器的直接操作者及维护者，掌握变频器的应用及维护维修知识是他们的职业需要。在选型上，以应用较广的MM420、MM440 的机型进行介绍。

本书由满海波、贾洪担任主编，佘东担任主审。参加编写的还有向守均、倪小敏、宋立中、罗军、刘颜。在编写过程中，攀钢轨梁厂高级工程师刘自彩及攀钢热轧厂高级工程师罗付华在本书的实际案例及内容选编上提出了许多宝贵意见和建议，谨在此表示衷心的感谢！

本书可作为《变频器安装、调试与维护》（冶金工业出版社 2015 年 8 月出版）的配套实验教材。

由于水平所限，书中存在不足之处，敬请广大读者批评指正。

编　者
2015 年 6 月

目　录

变频器的硬件及其说明

西门子 MM4 系列变频器功能强大、应用广泛，是新一代可以广泛应用的多功能标准变频器。它有 MM410、MM420、MM430 和 MM440 等多个型号，MM4 系列变频器在国内应用最多的是 MM420 通用型、MM430 风机泵类型、MM440 矢量型变频器。本实训指导书以 MM440 为重点。

1.1 变频器的铭牌及技术规格

1.1.1 变频器的铭牌

变频器的产品说明书中给出了详细的系列规格参数、型号命名方法、硬件说明、软件说明等，这些可作为变频器的选型参考。变频器的铭牌中包括变频器的型号、输入电压及频率、输出电压及频率范围、输出功率、输出电流等，图 1-1 所示为实验变频器的铭牌。

$$6SE6440 \boxed{2}\ \boxed{U}\ \boxed{D}\ \boxed{1}\ \boxed{3} - \boxed{7}\ \boxed{A}\ \boxed{A}\ \boxed{1}$$

图 1-1　变频器的铭牌

其含义解释如下：

6SE6440 表示 SIMOVERT MASTERDRIVES 6SE6 系列中的 MM440。

数字 2 表示防护等级。0 = IP00；1 = IP10；2 = IP20/22；5 = IP56；6 = IP65/66；7 = IP67。

字母 U 表示无滤波器。A = 内置 A 级滤波器；B = 内置 B 级滤波器。

字母 D 表示输入电压。B = 1AC，200 ~ 240V；C = 1/3AC，200 ~ 240V；D = 3AC，380 ~ 480V；E = 3AC，500 ~ 600V；F = 3AC，690 ~ 720V。

数字 1 表示功率倍率（W）。1 = 10^1；2 = 10^2；3 = 10^3；4 = 10^4。

数字 3 和数字 7 表示变频器功率数值的前两位。

前字母 A 表示外形尺寸。有 8 种规格：A、B、C、D、E、F、FX 和 GX。

后字母 A 表示产地。A = 欧洲；B = 中国。

数字 1 表示生产批次。

1.1.2 变频器的技术规格

在使用 MM440 变频器时除了查阅相关参数，还需了解其技术规格，MM440 变频器的技术规格见表 1-1。

表 1-1 MM440 变频器技术规格

特　　性		技　术　规　格
电源电压和功率范围		1AC(200~240)(1±10%)V　CT: 0.12~3.0kW 3AC(200~240)(1±10%)V　CT: 0.12~45.0kW　VT: 5.50~45.0kW 3AC(380~240)(1±10%)V　CT: 0.37~200kW　VT: 7.5~250kW 3AC(500~600)(1±10%)V　CT: 0.75~75.0kW　VT: 1.50~90.0kW
输入频率		47~63Hz
输出频率		0~650Hz
功率因数		0.98
变频器的效率		外形尺寸 A~F:96%~97% 外形尺寸 FX 和 GX:97%~98%
过载能力	恒定转矩 （CT）	外形尺寸 A~F:1.5×额定输出电流（即 150% 过载），持续时间 60s，间隔周期时间 300s, 　　2×额定输出电流（即 200% 过载），持续时间 3s，间隔周期时间 300s; 外形尺寸 FX~GX:1.36×额定输出电流（即 136% 过载），持续时间 57s，间隔周期时间 300s, 　　1.6×额定输出电流（即 160% 过载），持续时间 3s，间隔周期时间 300s
	可变转矩 （VT）	外形尺寸 A~F:1.1×额定输出电流（即 110% 过载），持续时间 60s，间隔周期时间 300s, 　　1.4×额定输出电流（即 140% 过载），持续时间 3s，间隔周期时间 300s; 外形尺寸 FX 和 GX:1.1×额定输出电流（即 110% 过载），持续时间 59s，间隔周期时间 300s, 　　1.5×额定输出电流（即 150% 过载），持续时间 1s，间隔周期时间 300s
合闸冲击电流		小于额定输入电流
控制方法		线性 U/f 控制,带 FCC(磁通电流控制)功能的线性 U/f 控制,抛物线 U/f 控制,多点 U/f 控制,适用于纺织工业的 U/f 控制,适用于纺织工业的带 FCC 功能的 U/f 控制,带独立电压设定值的 U/f 控制,无传感器矢量控制,无传感器矢量转矩控制,带编码器反馈的速度控制,带编码器反馈的转矩控制
固定频率		15 个,可编程
跳转频率		4 个,可编程
设定值的分辨率		0.01Hz 数字输入,0.01Hz 串行通信输入, 10 位二进制模拟输入(电动电位计 0.1Hz)
数字输入		6 个,可编程(带电位隔离),可切换为高电平/低电平有效(PNP/NPN)
模拟输入		2 个,可编程,两个输入可作为第 7 和第 8 个数字输入进行参数化 0~10V,0~20mA 和 -10~+10V(AIN1) 0~10V 和 0~20mA(AIN2)
继电器输出		3 个,可编程 DC30V　5A(电阻性负载),AC250V　2A(电感性负载)
模拟输出		2 个,可编程(0~20mA)
串行接口		RS-485,可选 RS-232
制　　动		直流注入制动,复合制动,动力制动 外形尺寸 A~F 带内置制动单元 外形尺寸 FX 和 GX 带外接制动单元

特　性	技　术　规　格
防护等级	IP20
温度范围	外形尺寸 A～F：-10～+50℃（CT）；-10～+40℃（VT） 外形尺寸 FX 和 GX：0～55℃
存放温度	-40～+70℃
相对湿度	<95% RH，无结露
工作地区的海拔	外形尺寸 A～F：海拔 1000m 以下不需要降低额定值运行 外形尺寸 FX 和 GX：海拔 2000m 以下不需要降低额定值运行
保护特征	欠电压，过电压，过负载，接地，短路，电动机失步保护，电动机锁定保护，电动机过热，变频器过热，参数联锁
标准	外形尺寸 A～F：UL，CUL，CE，C-tick 外形尺寸 FX 和 GX：UL，CUL，CE

1.2　变频器外接端子说明

MM440 变频器的外接端子如图 1-2 所示。

1.2.1　MM440 变频器的主电路

主电路是由电源输入单相或三相恒压恒频的正弦交流电压，经整流电路转换成恒定的直流电压，供给逆变电路。逆变电路在 CPU 的控制下，将恒定的直流电压逆变成电压和频率均可调的三相交流电供给电动机负载。由图 1-2 可知，MM440 变频器直流环节是通过电解电容进行滤波的，因此属于电压型交-直-交变频器。

1.2.2　MM440 变频器的控制电路

如图 1-2 所示，MM440 变频器的控制回路包括 2 个模拟量输入、6 个数字量输入、1 个 PTC 电阻输入、2 个模拟量输出、3 个数字量输出、1 个 RS-485 端口。MM440 接线端子及其名称见表 1-2。

表 1-2　MM440 控制端子

端子	名　称	功　能	端子	名　称	功　能
1		输出 +10V	16	DIN5	数字输入 5
2		输出 0V	17	DIN6	数字输入 6
3	ADC1 +	模拟输入 1（+）	18	DOUT1/NC	数字输出 1/常闭触点
4	ADC1 -	模拟输入 1（-）	19	DOUT1/NO	数字输出 1/常开触点
5	DIN1	数字输入 1	20	DOUT1/COM	数字输出 1/转换触点
6	DIN2	数字输入 2	21	DOUT2/NO	数字输出 2/常开触点
7	DIN3	数字输入 3	22	DOUT2/COM	数字输出 2/转换触点
8	DIN4	数字输入 4	23	DOUT3/NC	数字输入 3/常闭触点
9		隔离输出 +24V	24	DOUT3/NO	数字输入 3/常开触点
10	ADC2 +	模拟输入 2（+）	25	DOUT3/COM	数字输入 3/转换触点
11	ADC2 -	模拟输入 2（-）	26	DAC2 +	模拟输出 2（+）
12	DAC1 +	模拟输出 1（+）	27	DAC2 -	模拟输出 2（-）
13	DAC1 -	模拟输出 1（-）	28		隔离输出 0 V
14	PTCA	连接 PTC/KTY84	29	P +	RS485 端口
15	PTCB	连接 PTC/KTY84	30	P -	RS485 端口

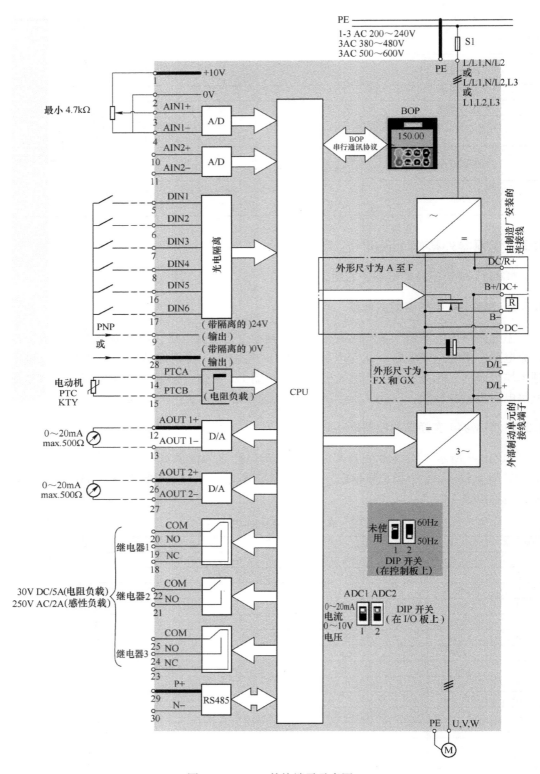

图 1-2　MM440 外接端子示意图

1.2.2.1 模拟量输入类型的选择

模拟输入 1（即 AIN1）可以用于 0～10V、0～20mA 和 −10～+10V；模拟输入 2（即 AIN1）可以用于 0～10V、0～20mA。这些输入类型可以通过 MM40 变频器 I/O 端子板上的 DIP 开关进行拨码设定。

1.2.2.2 模拟量输入作为开关量输入

模拟量输入回路可以另行配置用于提供两个附加的数字输入 DIN7 和 DIN8，如图 1-3 所示。

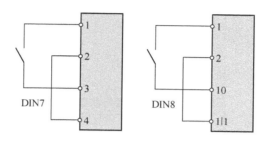

图 1-3 模拟量输入作为数字输入时外部线路的连接

当模拟输入作为数字输入时电压门限值如下：
DC 1.75V = OFF；
DC 3.70V = ON。
图 1-2 所示的端子 9（24V）在作为数字输入使用时也可以用于驱动模拟输入，此时端子 2 和 28（0V）必须连接在一起。

1.3 操作面板及功能应用

MM440 变频器在标准供货方式时装有状态显示屏（SDP），对于很多用户来说，利用 SDP 和制造厂的默认设置值，就可以使变频器成功地投入运行。如果工厂的默认设置值不适合用户的设备情况，可以利用基本操作面板（BOP）或高级操作面板（AOP）修改参数，使变频器和设备相匹配。BOP 和 AOP 是作为可选件供货的。也可以用 PC IBN 工具 Drive Monitor 或 STARTER 来调整工厂的设置值。

设置电动机频率的 DIP 开关位于操作面板的下面。共有两个开关：DIP 开关 1 和 DIP 开关 2，如图 1-4 所示。DIP 开关 1 一般不供用户使用，DIP 开关 2 若设置为"OFF"位置，则用于欧洲地区，工程默认值为 50Hz、kW；若设置为"ON"位置，则用于北美地区，工程默认值为 60Hz、hp。无论用哪种方法进行调试，首先必须将设置频率的 DIP2 开关选择在合适的位置。

1.3.1 用状态显示屏（SDP）进行调试

SDP 上有两个 LED 指示灯，用于指示变频器的运行状态。状态显示屏（SDP）如图 1-5 所示。表 1-3 为变频器的运行状态指示。

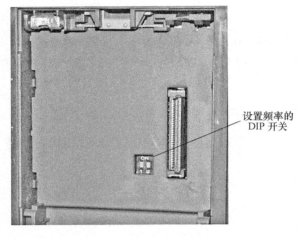

图 1-4   设置频率的 DIP 开关

设置频率的
DIP 开关

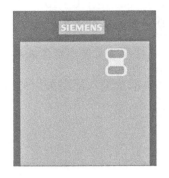

图 1-5   状态显示屏（SDP）

表 1-3   变频器的运行状态指示

LED 指示灯		变频器运行状态
绿色指示灯	黄色指示灯	
OFF	OFF	电源未接通
ON	ON	运行准备就绪，等待投入运行
ON	ON	变频器正在运行

采用 SDP 进行操作时变频器的预设定必须与以下的电动机数据兼容：（1）电动机的额定功率；（2）电动机电压；（3）电动机的额定电流；（4）电动机的额定频率。

使用变频器上装设的 SDP 可进行以下操作：（1）启动和停止电动机（数字输入 DIN1 由外接开关控制）；（2）电动机反向（数字输入 DIN2 由外接开关控制）；（3）故障复位（数字输入 DIN3 由外接开关控制）。

1.3.2 用基本操作面板（BOP）进行调试

基本操作面板如图 1-6 所示。

利用基本操作面板（BOP）可以更改变频器的各个参数，用户首先必须将状态显示屏（SDP）从变频器上拆卸下来，然后装上基本操作面板（BOP）。

BOP 具有 5 位数字的七段显示，用于显示参数的序号和数值、报警和故障信息，以及该参数的设定值和实际值。BOP 不能储存参数的信息。

在缺省设置时用 BOP 控制电动机的功能是被禁止的。如果要用 BOP 进行控制，参数 P0700 应设置为 1，参数 P1000 也应设置为 1。

当变频器加上电源时，也可以把 BOP 装到变频器上，

图 1-6   基本操作面板（BOP）

或从变频器上将 BOP 拆卸下来。

如果 BOP 已经设置为 I/O 控制（P0700 = 1），在拆卸 BOP 时，变频器驱动装置将自动停车。基本操作面板上的按键及其功能说明见表 1-4。

表 1-4　基本操作面板 BOP 上的按钮

显示/按钮	功 能	功 能 的 说 明
r 0000	状态显示	LED 显示变频器当前的设定值
I	启动变频器	按此键启动变频器。缺省值运行时此键是被封锁的。为了使此键的操作有效，应设定 P0700 = 1
O	停止变频器	OFF1：按此键，变频器将按选定的斜坡下降速率减速停车，缺省值运行时此键被封锁；为了允许此键操作，应设定 P0700 = 1。OFF2：按此键两次（或一次，但时间较长）电动机将在惯性作用下自由停车此功能总是"使能"的
↻	改变电动机的转动方向	按此键可以改变电动机的转动方向。电动机的反向用负号（－）表示或用闪烁的小数点表示。缺省值运行时此键是被封锁的，为了使此键的操作有效，应设定 P0700 = 1
jog	电动机点动	在变频器无输出的情况下按此键，将使电动机启动，并按预设定的点动频率运行。释放此键时，变频器停车。如果变频器/电动机正在运行，按此键将不起作用
Fn	功能显示	此键用于浏览辅助信息。 变频器运行过程中，在显示任何一个参数时按下此键并保持不动 2s，将显示以下参数值（在变频器运行中，从任何一个参数开始）： （1）直流回路电压（用 d 表示，单位：V）。 （2）输出电流（A）。 （3）输出频率（Hz）。 （4）输出电压（用 o 表示，单位：V）。 （5）由 P0005 选定的数值（如果 P0005 选择显示上述参数中的任何一个 [（3）、（4）或（5）]，这里将不再显示）。 连续多次按此键，将轮流显示以上参数。 跳转功能： 在显示任何一个参数（r×××× 或 P××××）时短时间按下此键，将立即跳转到 r0000，如果需要的话，可以接着修改其他的参数。跳转到 r0000 后，按此键将返回原来的显示点
P	访问参数	按此键即可访问参数
▲	增加数值	按此键即可增加面板上显示的参数数值
▼	减少数值	按此键即可减少面板上显示的参数数值

用基本操作面板（BOP）可以修改参数的数值，以修改 P0719 为例，说明如何修改参数（含参数下标）的数值。其步骤见表 1-5。

表 1-5　设定（修改）参数 P0970 的步骤

操 作 步 骤	显示的结果	操 作 步 骤	显示的结果
按 ⓟ 访问参数	`r0000`	按 ▲ 或 ▼ 达到 所需要的数值	`12`
按 ▲ 直到显示出 P0719	`P0719`	按 ⓟ 确认 并存储参数的数值	`P0719`
按 ⓟ 进入参数访问级	`in000`	按 ▼ 直到显示出 r0000	`r0000`
按 ⓟ 显示当前的设定值	`0`	按 ⓟ 返回操作显示 （由用户定义显示的参数）	

1.3.3　用高级操作面板（AOP）进行调试

高级操作面板如图 1-7 所示。

高级操作面板（AOP）是可选件，它具有的特点：（1）清晰的多种语言文本显示；（2）多组参数的上载和下载功能；（3）可以通过 PC 编程；（4）具有连接多个站点的能力，最多可以连接 30 台变频器。用基本操作面板（BOP）和高级操作面板（AOP）进行操作，前提条件必须是机械和电气安装已经完成。调速步骤流程图如图 1-8 所示。

图 1-7　高级操作面板（AOP）

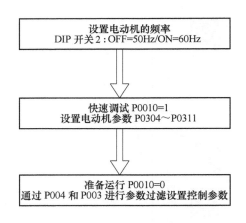

图 1-8　调试步骤流程图

2 变频器的软件说明

功能参数码是变频器基本功能的指令形式，它存储在变频器中。若要求变频器完成一种或几种控制功能，可通过键盘操作键将对应的功能参数码预置进去，变频器即可按照预置的功能运行。预置这些功能参数码没有先后顺序，只要预置进去后，即被记忆。

2.1 MM420、MM440 变频器参数说明

变频器的参数只能用基本操作面板（BOP），高级操作面板（AOP）或者通过串行通讯接口进行修改。

用 BOP 可以修改和设定系统参数，使变频器具有期望的特性，例如，斜坡时间，最小和最大频率等。选择的参数号和设定的参数值在五位数字的 LCD（可选件）上显示。

只读参数用 r××××表示；

P××××表示设置的参数。

在某些情况下，当修改参数的数值时，BOP 上显示"busy"，这种情况表示变频器正忙于处理优先级更高的任务，最多可达 5s。

变频器的参数有三个用户访问级，即标准访问级、扩展访问级和专家访问级。访问的等级由参数 P0003 来选择，对于大多数应用对象，只要访问标准级（P0003 = 1）和扩展级（P0003 = 2）参数就足够了。

有些第四访问级的参数只是用于内部的系统设置，因而是不能修改的。第四访问级参数只有得到授权的人员才能修改。

2.2 MM420、MM440 变频器参数表

MM440 变频器的系统参数以表格的形式给出，编排的格式如图 2-1 所示。

1 参数号 [下标]	2 参数名称 3 CStat: 4 参数组		5 数据类型 6 使能有效:		7 单位: 8 快速调试:	9 最小值: 10 缺省值: 11 最大值:	12 用户访问级: 1
	13	说明:					

图 2-1　系统参数结构功能图

（1）参数号。是指该参数的编号。参数号用 0000 到 9999 的 4 位数字表示。在参数号的前面冠以一个小写字母"r"时，表示该参数是"只读"的参数，它显示的是特定的参数数值，而且不能用与该参数不同的值来更改它的数值（在有些情况下，"参数说明"的标题栏中在"单位"、"最小值"、"缺省值"和"最大值"的地方插入一个破折号"——"）。

其他所有参数号的前面都冠以一个大写字母"P"。这些参数的设定值可以直接在标

题栏的"最小值"和"最大值"范围内进行修改。［下标］表示该参数是一个带下标的参数，并且指定了下标的有效序号。

（2）参数名称。是指该参数的名称。有些参数名称的前面冠以以下缩写字母：BI、BO、CI 和 CO，并且后跟一个冒号"："。

这些缩写字母的意义如下：

BI = │ P9999.C (0) │ 二进制互联输入，也就是说，该参数可以选择和定义输入的二进制信号源；

BO = │ r9999 ⟩ 二进制互联输出，也就是说，该参数可以选择输出的二进制功能，或作为用户定义的二进制信号输出；

CI = │ P9999.D (999.9) │ 量值信号（规格化的或带量纲的）互联输入，也就是说，该参数可以选择和定义输入的量值信号源；

CO = │ r9999[99] ⟩ 量值信号互联输出，也就是说，该参数可以选择输出的量值功能，或作为用户定义的量值信号输出；

CO/BO = │ r9999 ⟩ │ r9999 ⟩ 量值信号/二进制互联输出，也就是说，该参数可以作为量值信号和/或二进制信号输出，或由用户定义为了利用 BICO 功能，必须了解整个参数表。在该访问级，可能有许多新的 BICO 参数设定值。

BICO 功能是与指定的设定值不相同的功能，可以对输入与输出的功能进行组合，因此是一种更为灵活的方式。大多数情况下，这一功能可以与简单的第 2 访问级设定值一起使用。

BICO 系统允许对复杂的功能进行编程。按照用户的需要，布尔代数式和数学表达式可以在各种输入（数字的，模拟的，串行通讯等）和输出（变频器电流，频率，模拟输出，继电器输出等）之间配置和组合。

（3）CStat。是指参数的调试状态。可能有三种状态：调试 C、运行 U、准备运行 T。

这是表示该参数在什么时候允许进行修改。对于一个参数可以指定一种，两种或全部三种状态。如果三种状态都指定了，就表示这一参数的设定值在变频器的上述三种状态下都可以进行修改。

（4）参数组。是指具有特定功能的一组参数。

说明：参数 P0004（参数过滤器）的作用是根据所选定的一组功能，对参数进行过滤（或筛选），并集中对过滤出的一组参数进行访问。

（5）数据类型。符号说明：

U16 16 位无符号数，U32 32 位无符号数，I16 16 位整数，I32 32 位整数，Float 浮点数。

（6）使能有效。表示该参数是否立即或者确认。立即，就是说可以对该参数的数值立即进行修改（在输入新的参数数值以后）。确认，就是说面板（BOP 或 AOP）上的"P"键被按下以后，才能使新输入的数值有效地修改该参数原来的数值。

（7）单位。是指测量该参数数值所采用的单位。

（8）快速调试。是指该参数是否（是或者不是）只能在快速调试时进行修改，也就是说，该参数是否只能在 P0010（选择不同调试方式的参数组）设定为 1（选择快速调试）时进行修改。

（9）最小值。是指该参数可能设置的最小数值。

（10）缺省值。是指该参数的缺省值，也就是说，如果用户不对参数指定数值，变频器就采用制造厂设定的这一数值作为该参数的值。

（11）最大值。是指该参数可能设置的最大数值。

（12）用户访问级。是指允许用户访问参数的等级。变频器共有四个访问等级：标准级，扩展级，专家级和维修级。每个功能组中包含的参数号，取决于参数 P0003（用户访问等级）设定的访问等级。

2.3 MM420、MM440 变频器常见参数

（1）P0010 调试参数过滤器。

0：准备运行；

1：快速调试；

30：工厂的缺省设置值。

说明：在电动机投入运行之前，P0010，必须回到"0"。但是，如果调试结束后选定 P3900 = 1，那么，P0010 回零的操作是自动进行的。

（2）P0100 选择工作地区是欧洲/北美。

0：功率单位为 kW，f 的缺省值为 50Hz；

1：功率单位为 hp，f 的缺省值为 60Hz；

2：功率单位为 kW，f 的缺省值为 60Hz 。

P0100 的设定值 0 和 1 应该用 DIP 关来更改，使其设定的值固定不变。

（3）P0003 用户访问级。

0：用户定义的参数表，有关使用方法的详细情况请参看 P0013 的说明；

1：标准级，可以访问最经常使用的一些参数；

2：扩展级，允许扩展访问参数的范围例如变频器的 I/O 功能；

3：专家级，只供专家使用。

（4）P0004 参数过滤器。

0：全部参数；

2：变频器参数；

3：电动机参数；

7：命令，二进制 I/O；

8：ADC（模/数转换）和 DAC（数/模转换）；

13：电动机的控制；

20：通讯；

21：报警/警告/监控；

22：工艺参量控制器，例如 PID。

（5）P0005 显示选择（访问级：2）。可能的设定值：

21：实际频率；

25：输出电压；

26：直流回路电压；

27：输出电流。

（6）P0006 显示方式。可能的设定值：

0：在"运行准备"状态下，交替显示频率的设定值和输出频率的实际值，在"运行"状态下，只显示输出频率；

1：在"运行准备"状态下，显示频率的设定值，在"运行"状态下，显示输出频率；

2：在"运行准备"状态下，交替显示 P0005 的值和 r0020 的值，在"运行"状态下，只显示 P0005 的值；

3：在"运行准备"状态下，交替显示 r0002 值和 r0020 值，在"运行"状态下，只显示 r0002 的值；

4：在任何情况下都显示 P0005 的值。

（7）P0300 选择电动机的类型。调试期间，在选择电动机的类型和优化变频器的特性时需要选定这一参数，实际使用的电动机大多是异步电动机；如果不能确定所用的电动机是否是异步电动机，请按以下的公式进行计算：

$$[电动机的额定频率(P0310)×60]/电动机的额定速度（P0311）$$

如果计算结果是一个整数，该电动机应是同步电动机。可能的设定值：

1：同步电动机；

2：异步电动机。

注意：只能在 P0010 = 1（快速调试）时才可以改变本参数，如果所选的电动机是同步电动机，那么，以下功能是无效的：

功率因数（P0308）、电动机效率（P0309）、磁化时间［P0346（第 3 访问级）］、祛磁时间（P0347）（第 3 访问级）、捕捉再启动［P1200，P1202（第 3 访问级），P1203（第 3 访问级）］、直流注入制动［P1230（第 3 访问级），P1232，P1233］、滑差补偿（P1335）、滑差限值（P1336）、电动机的磁化电流［P0320（第 3 访问级）］、电动机的额定滑差（P0330）、额定磁化电流（P0331）、额定功率因数（P0332）、转子时间常数（P0384）。

（8）P0304 电动机的额定电压。10～2000V，根据本实训室电动机铭牌键入的电动机额定电压（V）。

（9）P0305 电动机的额定电流。按 0～2 倍的变频器额定电流（A），可根据本实训室电动机铭牌键入的电动机额定电流（A）。

（10）P0307 电动机的额定功率。0～2000kW，根据本实训室电动机铭牌键入的电动机额定功率（kW）。

（11）P0310 电动机的额定频率。12～650Hz，根据本实训室电动机铭牌键入的电动机额定频率（Hz）。

（12）P0311 电动机的额定频率。根据本实训室电动机铭牌键入的电动机额定速度为 1400r/min。

（13）P0700 选择命令源。接通/断开/反转（on/off/reverse）。

0：工厂的缺省设置；

1：BOP（键盘）设置；

2：由端子排输入；

4：通过 BOP 链路的 USS 设置；

5：通过 COM 链路的 USS 设置；

6：通过 COM 链路的通讯板（CB）设置。

（14）P0701 数字输入 2 的功能。

0：禁止数字输入；

1：ON/OFF1（接通正转/停车命令 1）；

2：ONreverse/OFF1（接通反转/停车命令 1）；

3：OFF2（停车命令 2）——按惯性自由停车；

4：OFF3（停车命令 3）——按斜坡函数曲线快速降速停车；

9：故障确认；

10：正向点动；

11：反向点动；

12：反转；

13：MOP（电动电位计）升速（增加频率）；

14：MOP 降速（减少频率）；

15：固定频率设定值（直接选择）；

16：固定频率设定值（直接选择 + ON 命令）；

17：固定频率设定值（二进制编码选择 + ON 命令）；

25：直流注入制动；

29：由外部信号触发跳闸；

33：禁止附加频率设定值；

99：使能 BICO 参数化。

注意：设定值为 99（使能 BICO 参数化）时，要求 P0700（命令信号源）或 P3900（结束快速调试）= 1，2 或 P0970（工厂复位）= 1 才能复位。

（15）P0702 数字输入 2 的功能。选择数字输入 2 的功能。

0：禁止数字输入；

1：ON/OFF1（接通正转/停车命令 1）；

2：ONreverse/OFF1（接通反转/停车命令 1）；

3：OFF2（停车命令 2）——按惯性自由停车；

4：OFF3（停车命令 3）——按斜坡函数曲线快速降速停车；

9：故障确认；

10：正向点动；

11：反向点动；

12：反转；

13：MOP（电动电位计）升速（增加频率）；

14：MOP 降速（减少频率）；

15：固定频率设定值（直接选择）；

16：固定频率设定值（直接选择 + ON 命令）；

17：固定频率设定值（二进制编码选择 + ON 命令）；

25：直流注入制动；

29：由外部信号触发跳闸；

33：禁止附加频率设定值；

99：使能 BICO 参数化。

详细资料请参看 P0701（数字输入 1 的功能）。

（16）P0703 数字输入 3 的功能选择数字输入 3 的功能。

0：禁止数字输入；

1：ON/OFF1（接通正转/停车命令 1）；

2：ONreverse/OFF1（接通反转/停车命令 1）；

3：OFF2（停车命令 2）——按惯性自由停车；

4：OFF3（停车命令 3）——按斜坡函数曲线快速降速停车；

9：故障确认；

10：正向点动；

11：反向点动；

12：反转；

13：MOP（电动电位计）升速（增加频率）；

14：MOP 降速（减少频率）；

15：固定频率设定值（直接选择）；

16：固定频率设定值（直接选择 + ON 命令）；

17：固定频率设定值（二进制编码选择 + ON 命令）；

25：直流注入制动；

29：由外部信号触发跳闸；

33：禁止附加频率设定值；

99：使能 BICO 参数化。

详细资料请参看 P0701（数字输入 1 的功能）。

（17）P0704 数字输入 4 的功能。选择数字输入 4 的功能。

0：禁止数字输入；

1：ON/OFF1（接通正转/停车命令 1）；

2：ONreverse/OFF1（接通反转/停车命令 1）；

3：OFF2（停车命令 2）——按惯性自由停车；

4：OFF3（停车命令 3）——按斜坡函数曲线快速降速停车；

9：故障确认；

10：正向点动；

11：反向点动；

12：反转；

13：MOP（电动电位计）升速（增加频率）；

14：MOP 降速（减少频率）；

15：固定频率设定值（直接选择）；

16：固定频率设定值（直接选择 + ON 命令）；

17：固定频率设定值（二进制编码选择 + ON 命令）；

25：直流注入制动；

29：由外部信号触发跳闸；

33：禁止附加频率设定值；

99：使能 BICO 参数化。

详细资料请参看 P0701（数字输入 1 的功能）。

（18）P0719 命令和频率设定值的选择。这是选择变频器控制命令源的总开关。在可以自由编程的 BICO 参数与固定的命令/设定值模式之间切换命令信号源和设定值信号源。命令源和设定值源可以互不相关地分别切换。十位数选择命令源，个位数选择设定值源。

0：命令 = BICO 参数，设定值 = BICO 参数；

1：命令 = BICO 参数，设定值 = MOP 设定值；

2：命令 = BICO 参数，设定值 = 模拟设定值；

3：命令 = BICO 参数，设定值 = 固定频率；

4：命令 = BICO 参数，设定值 = BOP 链路的 USS；

5：命令 = BICO 参数，设定值 = COM 链路的 USS；

6：命令 = BICO 参数，设定值 = COM 链路的 CB；

10：命令 = BOP，设定值 = BICO 参数；

11：命令 = BOP，设定值 = MOP 设定值；

12：命令 = BOP，设定值 = 模拟设定值；

13：命令 = BOP，设定值 = 固定频率；

14：命令 = BOP，设定值 = BOP 链路的 USS；

15：命令 = BOP，设定值 = COM 链路的 USS；

16：命令 = BOP，设定值 = COM 链路的 CB；

40：命令 = BOP 链路的 USS，设定值 = BICO 参数；

41：命令 = BOP 链路的 USS，设定值 = MOP 设定值；

42：命令 = BOP 链路的 USS，设定值 = 模拟设定值；

43：命令 = BOP 链路的 USS，设定值 = 固定频率；

44：命令 = BOP 链路的 USS，设定值 = BOP 链路的 USS；

45：命令 = BOP 链路的 USS，设定值 = COM 链路的 USS；

46：命令 = BOP 链路的 USS，设定值 = COM 链路的 CB；

50：命令 = COM 链路的 USS，设定值 = BICO 参数；

51：命令 = COM 链路的 USS，设定值 = MOP 设定值；

52：命令 = COM 链路的 USS，设定值 = 模拟设定值；

53：命令 = COM 链路的 USS，设定值 = 固定频率；

54：命令 = COM 链路的 USS，设定值 = BOP 链路的 USS；

55：命令 = COM 链路的 USS，设定值 = COM 链路的 USS；

56：命令 = COM 链路的 USS，设定值 = COM 链路的 CB；

60：命令 = COM 链路的 CB，设定值 = BICO 参数；

61：命令 = COM 链路的 CB，设定值 = MOP 设定值；

62：命令 = COM 链路的 CB，设定值 = 模拟设定值；

63：命令 = COM 链路的 CB，设定值 = 固定频率；

64：命令 = COM 链路的 CB，设定值 = BOP 链路的 USS；

65：命令 = COM 链路的 CB，设定值 = COM 链路的 USS；

66：命令 = COM 链路的 CB，设定值 = COM 链路的 CB。

（19）P1000 频率设定值的选择。选择频率设定值的信号源。在下面给出的可供选择的设定值表中，主设定值由最低一位数字（个位数）来选择（即 0 到 6）。而附加设定值由最高一位数字（十位数）来选择（即 x0 到 x6，其中 x = 1～6）。

举例：设定值 12 选择的是主设定值(2)由模拟输入而附加设定值(1)则来自电动电位计。

1：电动电位计设定；

2：模拟输入；

3：固定频率设定；

4：通过 BOP 链路的 USS 设定；

5：通过 COM 链路的 USS 设定；

6：通过 COM 链路的通讯板（CB）设定。

其他设定值，包括附加设定值，可按下述选择。

0：无主设定值；

1：MOP 设定值；

2：模拟设定值；

3：固定频率；

4：通过 BOP 链路的 USS 设定；

5：通过 COM 联路的 USS 设定；

6：通过 COM 链路的 CB 设定；

10：无主设定值，+ MOP 设定值；

11：MOP 设定值，+ MOP 设定值；

12：模拟设定值，+ MOP 设定值；

13：固定频率，+ MOP 设定值；

14：通过 BOP 链路的 USS 设定，+ MOP 设定值；

15：通过 COM 联路的 USS 设定，+ MOP 设定值；

16：通过 COM 链路的 CB 设定，+ MOP 设定值；

20：无主设定值，+ 模拟设定值；

21：MOP 设定值，+ 模拟设定值；

22：模拟设定值，+ 模拟设定值；

23：固定频率，+ 模拟设定值；

24：通过 BOP 链路的 USS 设定，+ 模拟设定值；

25：通过 COM 联路的 USS 设定，+ 模拟设定值；

26：通过 COM 链路的 CB 设定，+ 模拟设定值；

30：无主设定值，+ 固定频率；

31：MOP 设定值，+ 固定频率；

32：模拟设定值，＋固定频率；

33：固定频率，＋固定频率；

34：通过 BOP 链路的 USS 设定，＋固定频率；

35：通过 COM 联路的 USS 设定，＋固定频率；

36：通过 COM 链路的 CB 设定，＋固定频率；

40：无主设定值，＋BOP 链路的 USS 设定值；

41：MOP 设定值，＋BOP 链路的 USS 设定值；

42：模拟设定值，＋BOP 链路的 USS 设定值；

43：固定频率，＋BOP 链路的 USS 设定值；

44：通过 BOP 链路的 USS 设定，＋BOP 链路的 USS 设定值；

45：通过 COM 联路的 USS 设定，＋BOP 链路的 USS 设定值；

46：通过 COM 链路的 CB 设定，＋BOP 链路的 USS 设定值；

50：无主设定值，＋COM 链路的 USS 设定值；

51：MOP 设定值，＋COM 链路的 USS 设定值；

52：模拟设定值，＋COM 链路的 USS 设定值；

53：固定频率，＋COM 链路的 USS 设定值；

54：通过 BOP 链路的 USS 设定，＋COM 链路的 USS 设定值；

55：通过 COM 链路的 USS 设定，＋COM 链路的 USS 设定值；

56：通过 COM 链路的 CB 设定，＋COM 链路的 USS 设定值；

60：无主设定值，＋COM 链路的 CB 设定值；

61：MOP 设定值，＋COM 链路的 CB 设定值；

62：模拟设定值，＋COM 链路的 CB 设定值；

63：固定频率，＋COM 链路的 CB 设定值；

64：通过 BOP 链路的 USS 设定，＋COM 链路的 CB 设定值；

65：通过 COM 联路的 USS 设定，＋COM 链路的 CB 设定值；

66：通过 COM 链路的 CB 设定，＋COM 链路的 CB 设定值。

（20）P1001 固定频率 1。

定义固定频率 1 的设定值。

P1001 ~ P1007 为固定参数的设定值。

（21）P1040MOP 设定值。说明：如果电动电位计的设定值已选作主设定值或附加设定值，那么，将由 P1032 的缺省值（禁止 MOP 反向）来防止反向运行。

（22）P1080 电动机最小频率。本参数设定电动机的最小频率（0 ~ 650Hz），达到这一频率时电动机的运行速度将与频率的设定值无关。

这里设置的值对电动机的正转和反转都是适用的。

（23）P1082 电动机最大频率。本参数设定电动机的最大频率（0 ~ 650Hz），达到这一频率时电动机的运行速度将与频率的设定值无关。

这里设置的值对电动机的正转和反转都是适用的。

（24）P1120 斜坡上升时间。0 ~ 650s，电动机从静止停车加速到最大电动机频率所需的时间。

（25）P1121 斜坡下降时间。0～650s，电动机从其最大频率减到静止停车所需的时间。

（26）P3900 结束快速调试。

0：结束快速调试，不进行电动机计算或复位为工厂缺省设置值；

1：结束快速调试，进行电动机计算和复位为工厂缺省设置值（推荐的方式）；

2：结束快速调试，进行电动机计算和 I/O 复位；

3：结束快速调试，进行电动机计算，但不进行 I/O 复位。

2.4　MM420、MM440 变频器快速调速流程图

MM420、MM440 变频器快速调速流程图如图 2-2 所示。

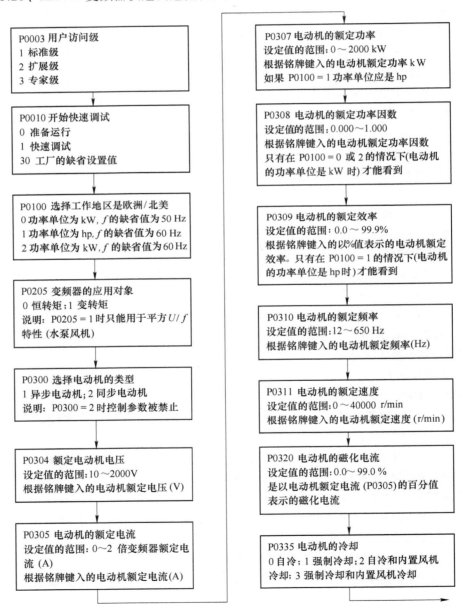

P0640 电动机的过载因子
设定值的范围：10.0%～400.0%
电动机过载电流的限定值。以电动机
额定电流(P0305)的百分值表示

P0700 选择命令源
0 工厂设置值；1 基本操作面板 (BOP)；
2 端子(数字输入)
说明：如果选择P0700 = 2数字输入的
功能决定于 P0701～ P0708 。 P0701
至 P0708 = 99 时，各个数字输入端按
照 BICO 功能进行参数化

P1000 选择频率设定值
1 电动电位计设定值；2 模拟设定值；
3 固定频率设定值；7 模拟设定值
说明：附加设定值的设置方法请参看
"参数表"。如果 P1000 =1 或 3，频率
设定值的选择决定于 P0700～ P0708
的设置

P1080 电动机最小频率
设定值的范围：0～ 650 Hz
本参数设置电动机的最小频率（0～
650Hz）；达到这一频率时电动机的运
行速度将与频率的设定值无关。这里设
置的值对电动机的正转和反转都是适
用的

P1082 电动机最大频率
设定值的范围：0～ 650 Hz
本参数设置电动机的最大频率（0～
650Hz）；达到这一频率时电动机的运
行速度将与频率的设定值无关。这里设
置的值对电动机的正转和反转都是适
用的

P1120 斜坡上升时间
设定值的范围：0 ～ 650s
电动机从静止停车加速到最大电动机频率
所需的时间

P1121 斜坡下降时间
设定值的范围：0 ～ 650s
电动机从其最大频率减速到静止停车所需
的时间

P1135 OFF3的斜坡下降时间
设定值的范围：0 ～ 650s
得到 OFF3 停止命令后，电动机从其最大
频率减速到静止停车所需的斜坡下降时间

P1300 控制方式
0 线性 U/f 控制
1 带 FCC(磁通电流控)制的 U/f 控制
2 抛物线 U/f 控制
3 可编程的多点U/f 控制
5 用于纺织工业的U/f控制
6 用于纺织工业的带 FCC 功能的 U/f控
制
19 带独立电压设定值的 U/f 控制
20 无传感器矢量控制
21 带传感器矢量控制
22 无传感器的矢量转矩控制
23 带传感器的矢量转矩控制
说明：矢量控制方式只适用于异步电动机
的控制

P1500 转矩设定值的选择
0 无主设定值
2 模拟设定值
4 通过 BOP 链路的USS 设定值
5 通过 COM 链路的USS 设定值
6 通过COM 链路的通讯板 设定值
7 模拟设定值

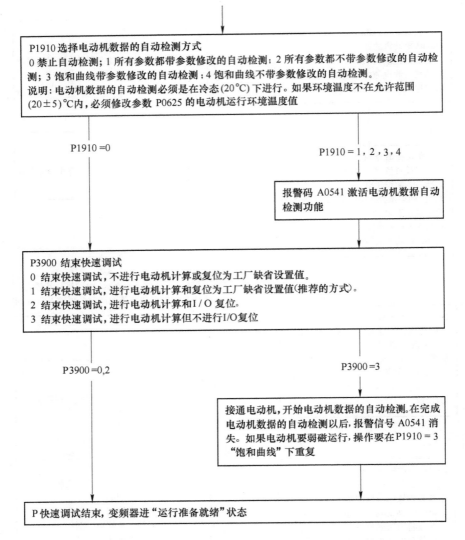

图 2-2　MM420、MM440 变频器快速调速流程图

MM 系列变频器的故障显示与保护

3.1 用 SDP 显示故障信号

如果变频器安装的是状态显示屏（SDP），变频器的故障状态和报警信号由屏上的两个 LED 指示灯显示出来。状态显示屏（SDP）如图 1-5 所示。表 3-1 说明状态显示屏（SDP）上 LED 指示灯各种状态的含义。

表 3-1　SDP 上 LED 指示的变频器状态

LED 指示灯		变频器状态的含义
绿色指示灯	黄色指示灯	
OFF	OFF	主电源未接通
OFF	ON	变频器故障（以下列出的故障除外）
ON	OFF	变频器正在运行
ON	ON	运行准备就绪，等待投入运行
OFF	闪光，闪光时间 0.9 s	故障：过流
闪光，闪光时间 0.9 s	OFF	故障：过压
闪光，闪光时间 0.9 s	ON	故障：电动机过温
ON	闪光，闪光时间 0.9 s	故障：变频器过温
闪光，闪光时间 0.9 s	闪光，闪光时间 0.9 s	电流极限报警（两个 LED 同时闪光）
闪光，闪光时间 0.9 s	闪光，闪光时间 0.9 s	其他报警（两个 LED 交替闪光）
闪光，闪光时间 0.9 s	闪光，闪光时间 0.3 s	欠电压跳闸/欠电压报警
闪光，闪光时间 0.3 s	闪光，闪光时间 0.9 s	变频器不在准备状态
闪光，闪光时间 0.3 s	闪光，闪光时间 0.3 s	ROM 故障（两个 LED 同时闪光）
闪光，闪光时间 0.3 s	闪光，闪光时间 0.3 s	ROM 故障（两个 LED 交替闪光）

3.2 用 BOP 或 AOP 显示故障

如果安装的是基本操作面板 BOP，在出现故障时 BOP 将显示故障状态和报警信号。在 BOP 上分别以 A×××和 F×××表示报警信号和故障信号。如果"ON"命令发出以后电动机不启动，需要检查一下各项：

（1）检查是否 P0919 = 0；

（2）检查给出的"ON"信号是否正常；

（3）检查是否 P0700 = 2（端子控制）或 P0700 = 1（用 BOP 进行控制）；

（4）根据给定信号源 P1000 的不同，检查设定值是否存在（端子 3 上应有 0 ~ 10V）或输入的频率设定值参数号是否正确。

如果在改变参数后电动机仍然不动，需要设定 P0010 = 30 和 P0970 = 1，并按下 P 键，使变频器复位到工厂设定的缺省值。然后在控制板上的端子 5 和 9 之间用开关接通，则驱动装置应运行在与模拟输入相应的设定频率。

需要注意电动机的功率和电压数据必须与变频器的数据相对应。

如果安装的是 AOP，在出现故障时，将在 LCD 液晶显示屏上显示故障码和报警码。

3.3　故障信息和故障排除

当发生故障时，变频器跳闸，并在显示屏上出现一个故障码。故障信息以故障码序号的形式存放在参数在参数 r0947 中，例如 F0003 = 3 。相关的故障值可以在参数 r0949 中查到。如果该故障没有故障值，r0949 中将输入 0，而且可以读出故障发生的时间（r0948）和存放在参数 r0947 中的故障信息序号（P0952）。

（1）过电流 F001。

1）引起故障可能的原因：电动机的功率（P0307 与变频器的功率 P0206 不对应）；电动机电缆太长；电动机的导线短路；有接地故障。

2）故障诊断和应采取的措施：电动机的功率（P0307）必须与变频器的功率（P0206）相对应；电缆的长度不得超过允许的最大值；电动机的电缆和电动机内部不得有短路或接地故障；输入变频器的电动机参数必须与实际使用的电动参数相对应；输入变频器的定子电阻值（P0350）必须正确无误；电动机的冷却风道必须通畅，电动机不得过载；增加斜坡时间；减少"提升"的数值。

（2）过电压 F0002。

1）引起故障可能的原因：禁止直流回路电压控制器（即参数 P1240 = 0）；直流回路的电压（r0026）超过了跳闸电平（P2172）；由于供电电源电压过高，或者电动机处于再生制动方式下引起过电压；斜坡下降过快，或者电动机由大惯量负载带动旋转而处于再生制动状态下。

2）故障诊断和应采取的措施：电源电压（P0210）必须在变频器铭牌规定的范围以内；直流回路电压控制器必须有效（P1240），而且正确地进行了参数化；斜坡下降时间（P1121）必须与负载的惯量相匹配；要求的制动功率必须在规定的限定值以内。

注意：负载的惯量越大需要的斜坡时间越长；外形尺寸为 FX 和 GX 的变频器应接入制动电阻。

（3）欠电压 F0003。

1）引起故障可能的原因：供电电源故障；冲击负载超过了规定的限定值。

2）故障诊断和应采取的措施：电源电压（P0210）必须在变频器铭牌规定的范围以内；检查电源是否短时掉电或有瞬时的电压降低；使能动态缓冲（P1240 = 2）。

（4）变频器过温 F0004。

1）引起故障可能的原因：冷却风量不足；环境温度过高。

2）故障诊断和应采取的措施：负载的情况必须与工作停止周期相适应；变频器运行时冷却风机必须正常运转；调制脉冲的频率必须设定为缺省值；环境温度可能高于变频器的允许值。

故障值：P0949 = 1 整流器过温；P0949 = 2 运行环境过温；P0949 = 3 电子控制箱

过温。

(5) 变频器 I^2T 过热保护 F0005。

1) 引起故障可能的原因：变频器过载；工作/间隙周期时间不符合要求；电动机功率（P0307）超过变频器的负载能力（P0206）。

2) 故障诊断和应采取的措施：负载的工作/间隙周期时间不得超过指定的允许值；电动机的功率（P0307）必须与变频器的功率（P0206）相匹配。

(6) 电动机过温 F0011。

1) 引起故障可能的原因：电动机过载。

2) 故障诊断和应采取的措施：负载的工作/间隙周期必须正确；标称的电动机温度超限值（P0626~P0628）必须正确；电动机温度报警电平（P0604）必须匹配。

如果 P0601 =0 或 1，请检查以下各项。检查电动机的铭牌数据是否正确（如果没有进行快速调试）；正确的等值电路数据可以通过电动机数据自动检测（P1910 =1）来得到；检查电动机的重量是否合理，必要时加以修改；如果用户实际使用的电动机不是西门子生产的标准电动机，可以通过参数 P0626、P0627、P0628 修改标准过温值。

如果 P0601 =2 请检查以下各项。检查 r0035 中显示的温度值是否合理；检查温度传感器是否是 KTY84（不支持其他型号的传感器）。

(7) 变频器温度信号丢失 F0012。

引起故障可能的原因：变频器（散热器）的温度传感器断线。

(8) 电动机温度信号丢失 F0015。

引起故障可能的原因：电动机的温度传感器开路或短路。如果检测到信号已经丢失，温度监控开关便切换为监控电动机的温度模型。

(9) 电源断相 F0020。

1) 引起故障可能的原因：如果三相输入电源电压中的一相丢失便出现故障，但变频器的脉冲仍然允许输出，变频器仍然可以带负载。

2) 故障诊断和应采取的措施：检查输入电源各相的线路。

(10) 接地故障 F0021。

引起故障可能的原因：如果相电流的总和超过变频器额定电流的 5% 时将引起这一故障。

(11) 功率组件故障 F0022。

在下列情况下将引起硬件故障（r0947 =22 和 r0949 =1）：直流回路过流（IGBT）短路；制动斩波器短路；接地故障；I/O 板插入不正确。

(12) 输出故障 F0023。

引起故障可能的原因：输出的一相断线。

(13) 整流器过温 F0024。

1) 引起故障可能的原因：通风风量不足；冷却风机没有运行；环境温度过高。

2) 故障诊断和应采取的措施：变频器运行时冷却风机必须处于运转状态；脉冲频率必须设定为缺省值；环境温度可能高于变频器允许的运行温度。

(14) 冷却风机故障 F0030。

1) 引起故障可能的原因：风机不再工作。

2）故障诊断和应采取的措施：在装有操作面板选件（AOP 或 BOP）时，故障不能被屏蔽；需要安装新风机。

（15）在重试再启动后自动再启动故障 F0035。

引起故障可能的原因：试图自动再启动的次数超过 P1211 确定的数值。

（16）电动机参数自动检测故障 F0041。

1）引起故障可能的原因：电动机参数自动检测故障。

报警值 = 0 ：负载消失；

报警值 = 1：进行自动检测时已达到电流限制的电平；

报警值 = 2：自动检测得出的定子电阻小于 0.1% 或大于 100%；

报警值 = 3：自动检测得出的转子电阻小于 0.1% 或大于 100%；

报警值 = 4：自动检测得出的定子电抗小于 50% 或大于 500%；

报警值 = 5：自动检测得出的电源电抗小于 50% 或大于 500%；

报警值 = 6：自动检测得出的转子时间常数小于 10ms 或大于 5s；

报警值 = 7：自动检测得出的总漏抗小于 5% 或大于 50%；

报警值 = 8：自动检测得出的定子漏抗小于 25% 或大于 250%；

报警值 = 9：自动检测得出的转子漏感小于 25% 或大于 250%；

报警值 = 20：自动检测得出的 IGBT 通态电压小于 0.5V 或大于 10V；

报警值 = 30：电流控制器达到了电压限制值；

报警值 = 40：自动检测得出的数据组自相矛盾，至少有一个自动检测数据错误。

2）故障诊断和应采取的措施：检查电动机是否与变频器正确连接；检查电动机参数 P304 ~ 311 是否正确；检查电动机的接线应该是哪种形式（星形、三角形）。

（17）速度控制优化功能 F0042 故障。

引起故障可能的原因：速度控制优化功能（P1960）故障。

故障值 = 0：在规定时间内不能达到稳定；速度 = 1：读数不合乎逻辑。

（18）参数 EEPROM 故障 F0051。

1）引起故障可能的原因：存储不挥发的参数时出现读/写错误。

2）故障诊断和应采取的措施：工厂复位并重新参数化；与客户支持部门或维修部门联系。

（19）功率组件故障 F0052。

1）引起故障可能的原因：读取功率组件的参数时出错，或数据非法。

2）故障诊断和应采取的措施：与客户支持部门或维修部门联系。

（20）I/O EEPROM 故障 F0053。

1）引起故障可能的原因：读 I/OEEPROM 信息时出错，或数据非法。

2）故障诊断和应采取的措施：检查数据；更换 I/O 模块。

（21）I/O 板错误 F0054。

1）引起故障可能的原因：连接的 I/O 板不对 ；I/O 板检测不出识别号，检测不到数据。

2）故障诊断和应采取的措施：检查数据，更换 I/O 模板。

（22）Asic 超时 F0060。

1）引起故障可能的原因：内部通讯故障。

2）故障诊断和应采取的措施：如果存在故障请更换变频器；或与维修部门联系。

（23）CB 设定值故障 F0070。

1）引起故障可能的原因：在通讯报文结束时，不能从 CB（通讯板）接收设定值。

2）故障诊断和应采取的措施：检查 CB 板和通讯对象。

（24）USS（BOP-链接）设定值故障 F0071。

1）引起故障可能的原因：在通讯报文结束时，不能从 USS 得到设定值。

2）故障诊断和应采取的措施：检查 USS 主站。

（25）USS（COMM 链接）设定值故障 F0072。

1）引起故障可能的原因：在通讯报文结束时，不能从 USS 得到设定值。

2）故障诊断和应采取的措施：检查 USS 主站。

（26）ADC 输入信号丢失 F0080。

引起故障可能的原因：断线；信号超出限定值。

（27）外部故障 F0085。

1）引起故障可能的原因：由端子输入信号触发的外部故障。

2）故障诊断和应采取的措施：封锁触发故障的端子输入信号。

（28）编码器反馈信号丢失 F0090。

1）引起故障可能的原因：从编码器来的信号丢失。

2）故障诊断和应采取的措施：检查编码器的安装固定情况，设定 P0400 = 0，并选择 SLVC 控制方式（P1300 = 20 或 22）；如果装有编码器，请检查编码器的选型是否正确（检查参数 P0400 的设定）；检查编码器与变频器之间的接线；检查编码器应无故障（选择 P1300 = 0，在一定速度下运行，检查 r0061 中的编码器反馈信号）；增加编码器反馈信号消失的门限值（P0492）。

（29）功率组件溢出 F0101。

1）引起故障可能的原因：软件出错或处理器故障。

2）故障诊断和应采取的措施：运行自测试程序。

（30）PID 反馈信号低于最小值 F0221。

1）引起故障可能的原因：PID 反馈信号低于 P2268 设置的最小值。

2）故障诊断和应采取的措施：改变 P2268 的设置值或调整反馈增益系数。

（31）PID 反馈信号高于最大值 F0222。

1）引起故障可能的原因：PID 反馈信号超过 P2267 设置的最大值。

2）故障诊断和应采取的措施：改变 P2267 的设置值或调整反馈增益系数。

（32）BIST 测试故障 F0450。

1）引起故障可能的原因：有些功率部件的测试有故障；有些控制板的测试有故障；有些功能测试有故障；上电检测时内部 RAM 有故障。

2）故障诊断和应采取的措施：变频器可以运行，但有的功能不能正确工作；检查硬件与客户支持部门或维修部门联系。

（33）检测出传动皮带有故障 F0452。

1）引起故障可能的原因：负载状态表明传动皮带故障或机械有故障。

2）故障诊断和应采取的措施：驱动链有无断裂、卡死或堵塞现象；外接速度传感器（如果采用的话）是否正确地工作；检查参数 P2192（与允许偏差相对应的延迟时间）的数值必须正确无误；如果采用转矩控制，以下参数的数值必须正确无误。

P2182（频率门限值 f1）；

P2183（频率门限值 f2）；

P2184（频率门限值 f3）；

P2185（转矩上限值 1）；

P2186（转矩下限值 1）；

P2187（转矩上限值 2）；

P2188（转矩下限值 2）；

P2189（转矩上限值 3）；

P2190（转矩下限值 3）；

P2192（与允许偏差对应的延迟时间）。

3.4 报警信息

报警信息以报警码序号的形式存放在参数 r2110 中（例如 A0503 = 503）。相关的报警信息可以在参数 r2110 中查到。

（1）电流限幅 A0501。

1）引起故障可能的原因：电动机的功率与变频器的功率不匹配；电动机的连接导线太短；接地故障。

2）故障诊断和应采取的措施：电动机的功率（P0307）必须与变频器功率（P0206）相对应；电缆的长度不得超过最大允许值；电动机电缆和电动机内部不得有短路或接地故障；输入变频器的电动机参数必须与实际使用的电动机一致；定子电阻值（P0350）必须正确无误；电动机的冷却风道是否堵塞，电动机是否过载。

（2）过压限幅 A0502。

1）引起故障可能的原因：达到了过压限幅值；斜坡下降时如果直流回路控制器无效（P1240 = 0）就可能出现这一报警信号。

2）故障诊断和应采取的措施：电源电压（P0210）必须在铭牌数据限定的数值以内；禁止直流回路电压控制器（P1240 = 0），并确地进行参数化；斜坡下降时间（P1121）必须与负载的惯性相匹配；要求的制动功率必须在规定的限度以内。

（3）欠压限幅 A0503。

1）引起故障可能的原因：供电电源故障；供电电源电压（P0210）和与之相应的直流回路电压（r0026）低于规定的限定值（P2172）。

2）故障诊断和应采取的措施：电源电压（P0210）必须在铭牌数据限定的数值以内；对于瞬间的掉电或电压下降必须是不敏感的；使能动态缓冲（P1240 = 2）。

（4）变频器过温 A0504。

1）引起故障可能的原因：变频器散热器的温度（P0614）超过了报警电平，将使调制脉冲的开关频率降低和/或输出频率降低（取决于（P0610）的参数化）。

2）故障诊断和应采取的措施：环境温度必须在规定的范围内；负载状态和工作/停止

周期时间必须适当；变频器运行时，风机必须投入运行；脉冲频率（P1800）必须设定为缺省值。

（5）变频器 I2T 过温 A0505。

1）引起故障可能的原因：如果进行了参数化（P0290），超过报警电平（P0294）时，输出频率和/或脉冲频率将降低。

2）故障诊断和应采取的措施：检查工作/停止周期的工作时间应在规定范围内；电动机的功率（P0307）必须与变频器的功率相匹配。

（6）变频器的工作/停止周期 A0506。

1）引起故障可能的原因：散热器温度与 IGBT 的结温之差超过了报警的限定值。

2）故障诊断和应采取的措施：检查工作/停止周期和冲击负载应在规定范围内。

（7）电动机 I2TA0511 过温。

1）引起故障可能的原因：电动机过载；负载的工作/停止周期中工作时间太长。

2）故障诊断和应采取的措施：负载的工作/停机周期必须正确；电动机的过温参数（P0626～P0628）必须正确；电动机的温度报警电平（P0604）必须匹配。

如果 P0601 = 0 或 1 请检查以下各项：铭牌数据是否正确（如果不执行快速调试）；在进行电动机参数自动检测时（P1910 = 0），等效回路的数据应准确；电动机的重量（P0344）是否可靠，必要时应进行修改；如果使用的电动机不是西门子的标准电机，应通过参数 P0626，P0627，P0628 改变过温的标准值。

如果 P0601 = 2 请检查以下各项：r0035 显示的温度值是否可靠；传感器是否是 KTY 84 不支持其他的传感器。

（8）电动机温度信号丢失 A0512。

引起故障可能的原因：至电动机温度传感器的信号线断线。如果已检查出信号线断线，温度监控开关应切换到采用电动机的温度模型进行监控。

（9）整流器过温 A0520。

1）引起故障可能的原因：整流器的散热器温度超出报警值。

2）故障诊断和应采取的措施：环境温度必须在允许限值以内；负载状态和工作/停止周期时间必须适当；变频器运行时冷却风机必须正常转动。

（10）运行环境过温 A0522。

1）引起故障可能的原因：运行环境温度超出报警值。

2）故障诊断和应采取的措施：环境温度必须在允许限值以内；变频器运行时冷却风机必须正常转动；冷却风机的进风口不允许有任何阻塞。

（11）输出故障 A0523。

1）引起故障可能的原因：输出的一相断线。

2）故障诊断和应采取的措施：对报警信号加以屏蔽。

（12）制动电阻过热 A0535。

故障诊断和应采取的措施：增加工作/停止周期（P1237）；增加斜坡下降时间 P1121。

（13）电动机数据自动检测已激活 A0541。

引起故障可能的原因：已选择电动机数据的自动检测（P1910）功能或检测正在进行。

（14）速度控制优化激活 A0542。

引起故障可能的原因：已经选择速度控制的优化功能（P1960）或优化正在进行。

（15）编码器反馈信号丢失的报警 A0590。

1）引起故障可能的原因：从编码器来的反馈信号丢失，变频器切换到无传感器矢量控制方式运行。

2）故障诊断和应采取的措施：检查编码器的安装情况，如果没有安装编码器，应设定 P0400 = 0，并选择 SLVC 运行方式（P1300 = 20 或 22）；如果装有编码器，请检查编码器的选型是否正确（检查参数 P0400 的编码器设定）；检查变频器与编码器之间的接线；检查编码器有无故障（选择 P1300 = 0），使变频器在某一固定速度下运行，检查 r0061 的编码器反馈信号；增加编码器信号丢失的门限值（P0492）。

（16）直流回路最大电压 $V_{dc\text{-}max}$ 控制器未激活 A0910。

1）引起故障可能的原因：直流回路最大电压 $V_{dc\text{-}max}$ 控制器未激活，因为控制器不能把直流回路电压（r0026）保持在（P2172）规定的范围内；如果电源电压（P0210）一直太高，就可能出现这一报警信号；如果电动机由负载带动旋转，使电动机处于再生制动方式下运行，就可能出现这一报警信号；在斜坡下降时，如果负载的惯量特别大，就可能出现这一报警信号。

2）故障诊断和应采取的措施：输入电源电压（P0756）必须在允许范围内；负载必须匹配。

（17）直流回路最大电压 $V_{dc\text{-}max}$ 控制器已激活 A0911。

引起故障可能的原因：直流回路最大电压 $V_{dc\text{-}max}$ 控制器已激活，因此，斜坡下降时间将自动增加，从而自动将直流回路电压（r0026）保持在限定值（P2172）以内。

（18）直流回路最小电压 $V_{dc\text{-}min}$ 控制器已激活 A0912。

引起故障可能的原因：如果直流回路电压（r0026）降低到最低允许电压（P2172）以下，直流回路最小电压 $V_{dc\text{-}min}$ 控制器将被激活；电动机的动能受到直流回路电压缓冲作用的吸收，从而使驱动装置减速；短时的掉电并不一定会导致欠电压跳闸。

（19）ADC 参数设定不正确 A0920。

引起故障可能的原因：ADC 的参数不应设定为相同的值，因为，这样将产生不合乎逻辑的结果。

标记 0：参数设定为输出相同；标记 1：参数设定为输入相同；标记 2：参数设定输入不符合 ADC 的类型。

（20）DAC 参数设定不正确 A0921。

引起故障可能的原因：ADC 的参数不应设定为相同的值，因为，这样将产生不合乎逻辑的结果。

标记 0：参数设定为输出相同；标记 1：参数设定为输入相同；标记 2：参数设定输入不符合 ADC 的类型。

（21）变频器没有负载 A0922。

引起故障可能的原因：变频器没有负载；有些功能不能像正常负载情况下那样工作。

（22）同时请求正向和反向点动 A0923。

引起故障可能的原因：已有向前点动和向后点动（P1055／P1056）的请求信号，这将使 RFG 的输出频率稳定在它的当前值。

（23）检测到传动皮带故障 A0952。

1）引起故障可能的原因：电动机的负载状态表明皮带有故障或机械有故障。

2）故障诊断和应采取的措施：驱动装置的传动系统有无断裂、卡死或堵塞现象；外接的速度传感器（如果采用速度反馈的话）工作应正常，P0409（额定速度下每分钟脉冲数）、P2191（回线频率差）和 P2192（与允许偏差相对应的延迟时间）的数值必须正确无误；必要时加润滑；如果使用转矩控制功能，请检查以下参数的数值必须正确无误。

P2182（频率门限值 F1）；

P2183（频率门限值 f2）；

P2184（频率门限值 f3）；

P2185（转矩上限值 1）；

P2186（转矩下限值 1）；

P2187（转矩上限值 2）；

P2188（转矩下限值 2）；

P2189（转矩上限值 3）；

P2190（转矩下限值 3）；

P2192（与允许偏差相对应的延迟时间）。

3.5 故障检修实例

3.5.1 故障实例 1

故障现象：一台 MM440 变频器上电后操作面板显示屏显示［F0001］故障。

故障分析与处理：MM440 变频器通常在使用一段时间后，由于现场环境的原因（粉尘、腐蚀、潮湿等）会出现上电报［F0001］故障，按 Fn 键不能复位的现象。［F0001］是变频器过电流，结合变频器在没有启动、运行的情况下显示过电流故障，分析有以下几点可能（首先将电动机脱开，排除电动机短路、接地故障的可能）：

（1）IGBT 损坏。这种故障最好判断，用普通万用表做静态阻值测量就能大致确定。

（2）接插件腐蚀、氧化、接触不好。这种故障也不难判断，只要将变频器上电，将接插件重新插拔几次，并且在上电的情况下，一边动一边按 Fn 键，看能否复位，如果偶尔出现过能复位的情况，则极有可能是接插件接触问题所致。

（3）电路板上有元件损坏、变值。这种情况是在排除以上两种可能的情况下做出的怀疑，既然是过电流，当然要从电流检测电路单元查起。

按照上述分析，首先检测 IGBT 模块，将负载侧 U、V、W 端的导线拆除，使用二极管测试挡，红表笔接 P（集电极 C_1），黑表笔依次测 U、V、W，万用表显示数值；将表笔反过来，黑表笔接 P，红表笔测 U、V、W，万用表显示数值。再将红表笔接 N（发射极 E_2），黑表笔测 U、V、W，万用表显示数值；黑表笔接 P，红表笔测 U、V、W，万用表显示数值。若万用表显示的数值是各相之间的正、反向特性差别较大，初步判断为 IGBT 模块损坏。更换新的 IGBT 模块后，对驱动电路进行检查正常，变频器上电运行正常。

3.5.2 故障实例 2

故障现象：一台 MM440 变频器上电后，操作面板显示屏无显示，面板的绿灯不亮，黄灯快闪。

故障分析与处理：这种故障现象说明变频器整流和开关电源工作基本正常，问题可能在开关电源的某一路整流二极管击穿或开路与处理。用万用表测量开关电源的几路二极管，确认故障二极管后更换一个同规格的整流二极管后，变频器上电后运行正常。引起这种故障的原因一般是整流二极管的耐压偏低，电源脉冲冲击造成二极管击穿。

3.5.3   故障实例 3

故障现象：一台 MM440 型 200kW 变频器，由于负载惯量较大，起动转矩大，设备启动时只能上升到 5Hz 左右就再也上不去了，并且报警，显示故障代码［F0001］。

故障分析与处理：首先对变频器硬件进行检查，没有发现问题，再对设置的参数做进一步检查，发现参数设置不当，因控制方式采用矢量控制方式，再正确设定电动机的参数，建立电动机模型后，启动变频器运行一切正常。

3.5.4   故障实例 4

故障现象：一台 MM440 型 200kW 变频器上电后，操作面板显示屏显示［－－－－－］故障信息。

故障分析与处理：MM440 型 200kW 变频器上电后，操作面板显示屏显示［－－－－－］故障信息，一般是因为主控板出问题，原因是在安装的过程中没有严格遵循 EMC 规范，强、弱电缆没有分开布线，接地不良并且没有使用屏蔽线，致使主控板的某些元件（如贴片电容、电阻等）或 I/O 口损坏，但也有个别问题出在电源板上。用替换法替换一块主控板后，检查变频器外部布线正常，变频器上电后运行正常。

3.5.5   故障实例 5

故障现象：一台 MM4 型 22kW 变频器上电后，操作面板显示屏显示正常，一给运行信号就显示［P－－－－］或［－－－－－］故障信息。

故障分析与处理：在对变频器进行检查时发现冷却风扇的转速不正常，把风扇停掉后，变频器又会显示［F0030］，并发出报警信号，显示［F0021］、［F0001］、［A0501］故障信息。结合故障现象分析故障原因为风扇供电回路故障。在故障查找中先给变频器运行信号然后再把风扇接上去就不显示［P－－－－］故障信息，但是，接上一个风扇时，风扇的转速是正常的，输出三相也正常，第二个风扇再接上时风扇的转速明显不正常。进一步确认故障部位为风扇电源板。经对风扇电源板检查发现由变频器内开关电源引出来的电源回路的滤波电容漏电造成风扇电源电压降低，更换此滤波电容后，变频器上电运行正常。

3.5.6   故障实例 6

故障现象：75kW 的 MM440 变频器，安装好以后开始时运行正常，半个小时后电动机停转，可是变频器的运行信号并没有丢失却仍在保持，操作面板显示屏显示［A0922］故障信息（变频器没有负载）。

故障分析与处理：测量变频器三相输出端无电压输出，将变频器手动停止，再次运行又恢复正常。正常时面板显示的输出电流是 40~60A。过了二十多分钟同样的故障现象出现，这时面板显示的输出电流只有 0.6A 左右。经分析判断是驱动板上的电流检测单元出了问题，用替换法更换驱动板后，变频器上电运行正常。

3.5.7　故障实例 7

故障现象：一台 MM440 变频器的 AOP 操作面板仅能存储一组参数。

故障分析与处理：变频器选型手册中介绍 AOP 操作面板中能存储 10 组参数，但在用 AOP 面板做第二台变频器参数的备份时，显示"存储容量不足"。造成这种现象的原因可能是设计时 AOP 面板中的内存不够。对此问题的解决办法如下：

（1）在菜单栏中选择"语言"项；

（2）在"语言"项中选择一种不使用的语言；

（3）按 Fn + △ 键选择删除，经提示后按 P 键确认。

这样，AOP 面板就可以存储 10 组参数。

3.5.8　故障实例 8

故障现象：两台 MM440 变频器（5.5kW）变频器同步运转，其中一台变频器在运行中操作面板显示屏经常显示 [F0011 或 A0511] 故障信息，并跳停。

故障分析与处理：变频器的操作面板显示屏显示 [F0011 或 A0511] 故障信息表示电动机过载，脱开电动机皮带用手搬动电动机及设备，没有异常沉重现象，将两台变频器拖动的电动机互换，发现还是原来那台变频器报警，从而确定故障出在变频器。对故障变频器拆机检查发现电流检查电路传感器故障，更换传感器后，变频器上电运行正常。

3.5.9　故障实例 9

故障现象：一台西门子变频器不能与 PROFIBUS-DP 通信，变频器上的红灯一直亮。

故障分析与处理：首先检查变频器与 PROFIBUS-DP 相关的参数：P0700、P0719、P0918、P1000，若都设定正确，再对网线或网卡进行检查，检查网线正常，采用替换法替换网卡后，变频器与 PROFIBUS-DP 通信正常。

3.5.10　故障实例 10

故障现象：一台 MM440 变频器在运行过程中，经常突然停机，重新启动，又能运行。

故障分析与处理：检查变频器参数设置都正确，怀疑 PROFIBUS-DP 线路有问题，重新更换一根 PROFIBUS-DP 导线，故障仍然存在。接上编程器查看变频器启动条件，所有的启动点都不可能断开，只有从站 PLC 与主站 PLC 通信之间的启动点可能断。经过观察，从站 PLC 与主站 PLC 通信之间的启动点在很短的时间内出现断了又恢复正常的现象，对此增加一个断电延时继电器后，变频器上电后运行正常。

实验指导

4.1 实验一 三相正弦波脉宽调制 SPWM 变频原理实验

4.1.1 实验目的

（1）掌握 SPWM 的基本原理和实现方法。

（2）熟悉与 SPWM 控制有关的信号波形。

4.1.2 实验内容

（1）画出与 SPWM 调制有关信号波形，说明 SPWM 的基本原理。

（2）在规定的频率范围内测试正弦波信号的频率和幅值，从而能够分析正弦波信号的幅值与频率的关系。

4.1.3 实验设备及元器件

（1）DJK01 电源控制屏。主控制屏面板如图 4-1 所示。DJK01 电源控制屏主要为实验

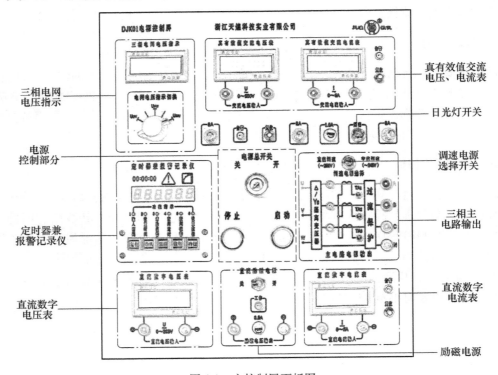

图 4-1 主控制屏面板图

提供各种电源，如三相交流电源、直流励磁电源等；同时为实验提供所需的仪表，如直流电压、电流表，交流电压、电流表。屏上还设有定时器兼报警记录仪，供教师考核学生实验使用；在控制屏正面的大凹槽内，设有两根不锈钢管，可挂置实验所需挂件，凹槽底部设有 12 芯、10 芯、4 芯、3 芯等插座，从这些插座提供有源挂件的电源；在控制屏两边设有单相三极 220V 电源插座及三相四极 380V 电源插座，此外还设有供实验台照明用的 40W 日光灯。

1）三相电网电压指示。三相电网电压指示主要用于检测输入的电网电压是否有缺相的情况，操作交流电压表下面的切换开关，观测三相电网各线间电压是否平衡。

2）定时器兼报警记录仪。平时作为时钟使用，具有设定实验时间、定时报警和切断电源等功能，它还可以自动记录由于接线操作错误所导致的报警次数（具体操作方法详见 DJDK-1 型电力电子技术及电机控制实验装置使用说明书）。

3）电源控制部分。它的主要功能是控制电源控制屏的各项功能，它由电源总开关、启动按钮及停止按钮组成。当打开电源总开关时，红灯亮；当按下启动按钮后，红灯灭，绿灯亮，此时控制屏的三相主电路及励磁电源都有电压输出。

4）三相主电路输出。三相主电路输出可提供三相交流 200V/3A 或 240V/3A 电源。输出的电压大小由"调速电源选择开关"控制，当开关置于"直流调速"侧时，A、B、C 输出线电压为 200V，可完成电力电子实验以及直流调速实验；当开关置于"交流调速"侧时，A、B、C 输出线电压为 240V，可完成交流电机调压调速及串级调速等实验。在 A、B、C 三相电源输出附近装有黄、绿、红发光二极管，用以指示输出电压。同时在主电源输出回路中还装有电流互感器，电流互感器可测定主电源输出电流的大小，供电流反馈和过流保护使用，面板上的 TA1、TA2、TA3 三处观测点用于观测三路电流互感器输出电压信号。

5）励磁电源。在按下启动按钮后将励磁电源开关拨向"开"侧，则励磁电源输出为 220V 的直流电压，并有发光二极管指示输出是否正常，励磁电源由 0.5A 熔丝做短路保护，由于励磁电源的容量有限，仅为直流电机提供励磁电流，不能作为大容量的直流电源使用。

6）面板仪表。面板下部设置有 ±300V 数字式直流电压表和 ±5A 数字式直流电流表，精度为 0.5 级，能为可逆调速系统提供电压及电流指示；面板上部设置有 500V 真有效值交流电压表和 5A 真有效值交流电流表，精度为 0.5 级，供交流调速系统实验时使用。

（2）DJK13 三相异步电动机变频调速控制。DJK13 可完成三相正弦波脉宽调制 SPWM 变频原理实验、三相马鞍波（三次谐波注入）脉宽调制变频原理实验、三相空间电压矢量 SVPWM 变频原理等实验。其面板如图 4-2 所示。

1）显示、控制及计算机通讯接口。控制部分由"转向"、"增速"、"减速"三个按键及四个钮子开关等组成。

每次点动"转向"键，电机的转向改变一次，点动"增速"及"减速"键，电机的转速升高或降低，频率的范围从 0.5 ~ 60Hz，步进频率为 0.5Hz。从 0.5 ~ 50Hz 范围内是恒转矩变频，50 ~ 60Hz 为恒功率变频。

K_1、K_2、K_3、K_4 四个钮子开关为 V/f 函数曲线选择开关，每个开关代表一个二进制，将钮子开关拨到上面，表示"1"，将其拨到下面，表示"0"，从"0000"到"1111"共

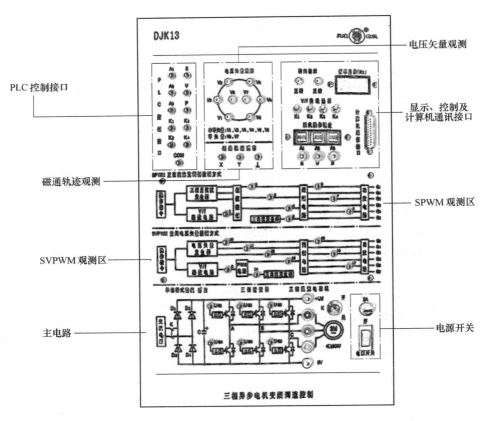

图 4-2　DJK13 面板图

十六条 *V/f* 函数曲线。

　　在按键的下面有"S、V、P"三个插孔，它的作用是切换变频模式。当三个全部都悬空时，工作在 SPWM 模式下；当短接"V"、"P"时，工作在马鞍波模式下。当短接"S"、"V"时，工作在 SVPWM 模式下。

　　不允许将"S"、"P"插孔短接，否则会造成不可预料的后果。

　　通讯接口用于本挂件与计算机联机（操作方法详见附录），通过对计算机键盘和鼠标的操作，完成各种控制和在显示器上显示相应点的波形。使用时必须用本公司所附带的计算机插件板，专用软件与连接电缆。

　　2）电压矢量观察。使用"旋转灯光法"来形象表示 SVPWM 的工作方式。通过对"V0～V7"八个电压矢量的观察，更加形象直观的了解 SVPWM 的工作过程。

　　3）磁通轨迹观测。在不同的变频模式下，其电机内部磁通轨迹是不一样的。面板上特别设有 X、Y 观测孔，分别接至示波器的 X、Y 通道，可观测到不同模式下的磁通轨迹。

　　4）PLC 控制接口。面板上所有控制部分（包括 *V/f* 函数选择，"转向"、"增速"、"减速"按键，"S、V、P"的切换）的控制接点都与 PLC 部分的接点一一对应，经与 PLC 主机的输出端相连，通过对 PLC 的编程、操作可达到希望的控制效果。

　　双踪示波器和万用表在过去使用和实训中多次使用，这里不再介绍。

　　（3）双踪示波器。

（4）万用表。

4.1.4 实验原理

4.1.4.1 PWM 脉宽调制的方式

PWM 脉宽调制的方式很多：由调制脉冲（调制波）的极性可分为单极性和双极性；由参考信号和载波信号的频率关系可分为同步调制方式和异步调制方式。参考信号为正弦波的脉冲宽度调制称为正弦波脉冲宽度调制（SPWM）。

4.1.4.2 SPWM 宽度调制原理

A 单极性脉宽调制

单极性脉宽调制的特征是：参考信号和载波信号都为单极性的信号。如图 4-3、图 4-4 所示。

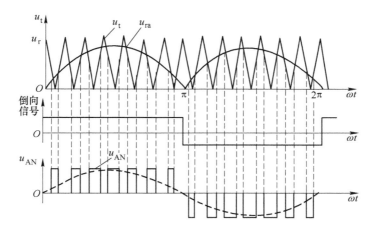

图 4-3 单极性单相 SPWM 调制波形分析（1）

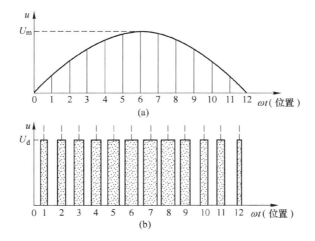

图 4-4 单极性单相 SPWM 调制波形分析（2）
（a）正弦波；（b）SPWM 波

可见，输出的调制波是幅值不变、等距但不等宽的脉冲序列。SPWM 调制波的脉冲宽度基本上呈正弦分布，其各脉冲在单位时间内的平均值的包络线接近于正弦波，其调制波频率越高，谐波分量越小。如图 4-5 所示。

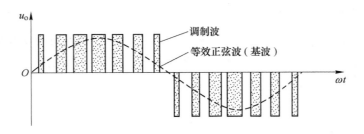

图 4-5　单极性单相 SPWM 调制波形分析（3）

B　双极性脉宽调制

双极性脉宽调制方式的特征是：参考信号和载波信号均为双极性信号。

在双极性 SPWM 方式中，参考信号为对称可调频、调幅的单相或三相正弦波，由于参考信号本身具有正负半周，无需反向器进行正负半波控制。双极性 SPWM 的调制规律相对简单，且不需分正负半周。

仍以单相为例，双极性 SPWM 的调制规律如图 4-6 ~ 图 4-8 所示。

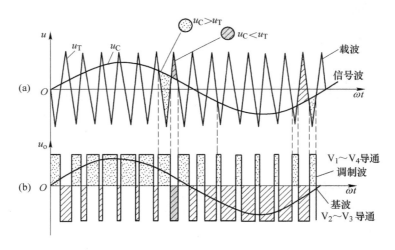

图 4-6　双极性单相 SPWM 波形分析（1）

（a）信号波与载波的比较；（b）双极性 SPWM 波形

4.1.4.3　IGBT-SPWM-VVVF 交流调速系统

A　采用模拟电路的 IGBT-SPWM-VVVF 交流调速系统原理框图

模拟式 IGBT-SPWM-VVVF 交流调速系统原理框图如图 4-9 所示。

系统主电路为由三相二极管整流器-IGBT 逆变器组成的电压型变频电路。供电对象为三相异步电动机。IGBT 采用专用驱动模块驱动。SPWM 发成电路的主体是，由正弦波发

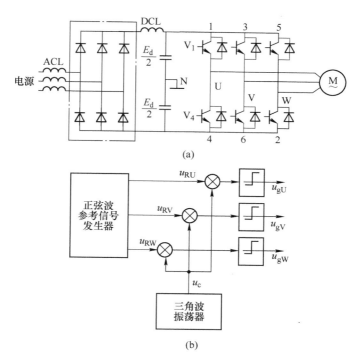

(a)

(b)

图 4-7 双极性三相 SPWM 波形分析（2）

（a）主电路；（b）控制电路

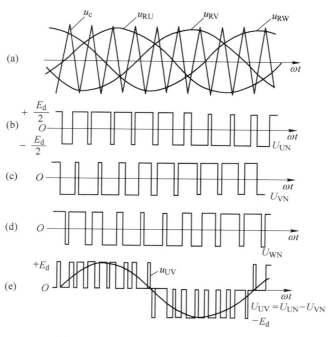

图 4-8 双极性三相 SPWM 波形分析（3）

（a）三相调制波与双极性三角载波；（b）$U_{UN} = f(t)$；（c）$U_{VN} = f(t)$；

（d）$U_{WN} = f(t)$；（e）$U_{UV} = f(t)$

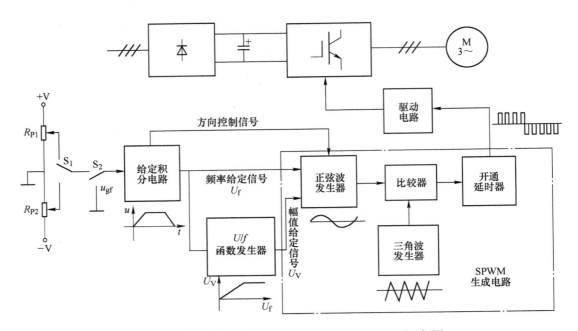

图 4-9　模拟式 IGBT-SPWM-VVVF 交流调速系统原理框图

生器产生的正弦信号波，与三角波发生器产生的载波，通过比较器比较后，产生正弦脉宽调制波（SPWM 波）。以上部件的工作原理已在前面做了介绍，现对其他环节做一简单说明。

（1）给定环节。S_1 为正、反运转选择开关。电位器 R_{P1} 调节正向转速；R_{P_2} 调节反向转速。S_2 为启动、停止开关，停车时，将输入端接地，防止干扰信号侵入。

（2）给定积分电路。它的主体是一个具有限幅的积分环节，以将正、负阶跃信号，转换成上升和下降、斜率均可调的，具有限幅的，正、负斜坡信号。

正斜坡信号将使启动过程变得平稳，实现软启动，同时也减小了启动时的过大的冲击电流。负斜坡信号将使停车过程变得平稳。

（3）U/f 函数发生器。U/f 函数发生器是一个带限幅的斜坡信号发生器，其输出特性如图 4-10 所示。

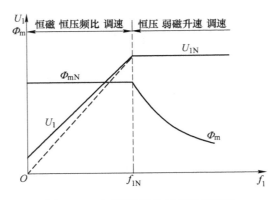

图 4-10　U/f 函数发生器其输出特性

因为 SPWM 波的基波频率取决于正弦信号波的频率，SPWM 的基波的幅值取决于在弦信号波的幅值。

U/f 函数发生器的功能就是在基频以下，产生一个与频率 f_1 成正比的电压，作为正弦信号波幅值的给定信号，以实现恒压频比（*U/f* = 恒量）的控制。在基频以上，则使 *U* 为一恒量，以实现恒压（弱磁升速）控制。

（4）开通延时器。它是使待导通的 IGBT 管在换相时稍作延时后再驱动（待桥臂上另一 IGBT 完全关断）。这是为了防止桥臂上的两个 IGBT 管在换相时，一只没有完全关断，而另一只却又导通形成同时导通，造成短路。

（5）其他环节。此系统还设有过电压、过电流等保护环节以及电源、显示、报警等辅助环节（图中未画出）但此系统未设转速负反馈环节，因此是一个转速开环控制系统。

综上所述，模拟式 IGBT-SPWM-VVVF 交流调速系统的工作过程大致如下：由给定信号（给出转向及转速大小）→启动（或停止）信号→给定积分器（实现平稳启动、减小启动电流）→*U/f* 函数发生器（基频以下，恒磁恒压频比控制；基频以上，恒压弱磁升速控制）→SPWM 控制电路（由体现给定频率和给定幅值的正弦信号波与三角波载波比较后产生 SPWM 波）→驱动电路模块→主电路（IGBT 管三相逆变电路）→三相异步电动机（实现了 VVVF 调速）。

B 单片微机控制的 IGBT-SPWM-VVVF 交流调速系统原理框图

单片微机控制的 IGBT-SPWM-VVVF 交流调速系统原理框图如图 4-11 所示。

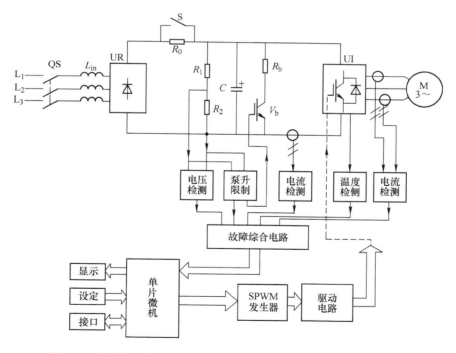

图 4-11 单片微机控制的 IGBT-SPWM-VVVF 交流调速系统原理框图

此系统的特点是采用单片微机来进行控制，主要通过软件来实现变压变频控制、SPWM 控制和发出各种保护指令（包含着上例中各单元的功能）。SPWM 发生器可采用专用的集成电路芯片，也可由微机的软件来实现。

（1）限流电阻 R_0 和短接开关 S。由于中间直流电路并联着容量很大的电容器，在突加电源时，电源通过二极管整流桥对电容充电（突加电压时，电容相当于短路），会产生很大的冲击电流，使元器件损坏。为此在充电回路上，设置电阻 R_0（或电抗器）来限制电流。待电源合上，启动过渡过程结束以后，为避免 R_0 上继续消耗电能，可延时以自动开关 S 将 R_0 短接。

（2）电压检测与泵升限制。当异步电动机减速制动时，它相当一个感应发电机，由于二极管不能反向导通，电动机将通过续流二极管向电容器充电，使电容 C 的电压随着充电而不断升高（称泵升电压），这样的高电压将使元器件损坏。为此，在主电路设置了电压检测电路，当电压过高时，通过泵升限制保护环节，使开关管 V_b 导通，使电机制动时释放的电能在电阻 R_b 上消耗掉。

（3）进线电抗器。由于整流桥后面接有一个容量很大的电容，在整流时，只有当整流电压大于电容电压时，才会有电流，造成电流断续，这样电源供给整流电路的电流中会含有较多的谐波成分，对电源造成不良影响（使电压波形畸变，变压器和线路损耗增加），因此在进线处增设进线电抗器 L_{in}。

（4）温度检测。主要是检测 IGBT 管壳的温度，当通过电流过大，壳温过高时，微机将发出指令，通过驱动电路，使 IGBT 管迅速截止。

（5）电流检测。由于此系统未设转速负反馈环节，所以通过在交流侧（或直流侧）检测到的电流信号，来间接反映负载的大小，使控制器（微机）能根据负载的大小，对电动机因负载而引起的转速变化，给予一定的补偿。此外，电流检测环节还用于电流过载保护。

以上这些环节，在其他类似的系统（如上例所示的系统）中，也都可以采用。

4.1.5　实验步骤

（1）接通挂件电源，关闭电机开关，调制方式设定在 SPWM 方式下（将控制部分 S、V、P 的三个端子都悬空），然后开启电源开关。

（2）点动"增速"按键，将频率设定在 0.5Hz，在 SPWM 部分观测三相正弦波信号（在测试点"2、3、4"），观测三角载波信号（在测试点"5"），三相 SPWM 调制信号（在测试点"6、7、8"）；再点动"转向"按键，改变转动方向，观测上述各信号的相位关系变化。

（3）逐步升高频率，直至到达 50Hz 处，重复以上的步骤。

（4）将频率设置为 0.5 ~ 60Hz 的范围内改变，在测试点"2、3、4"中观测正弦波信号的频率和幅值的关系。

4.1.6　课后练习

SPWM 调制与其他调制方法相比的优势体现在哪里？

4.2　实验二　MM420、MM440 变频器的模拟安装、接线

4.2.1　实验目的

（1）熟悉变频器的工作环境。

（2）掌握变频器的安装规范。

（3）会进行变频器的机械和电气安装。

4.2.2 实验内容

（1）在长期存放后进行安装时变频器的处理。

（2）机械安装。

（3）电气安装。

（4）按照典型安装电路完成电源和变频器、变频器和电动机的安装、调试。

（5）根据 MM440 基本操作端子接线示意图安装、接线和调试。

4.2.3 实验设备及元器件

（1）常用电工工具（一套）；（2）固定导轨一个；（3）MM420、MM440 变频器各一台；（4）熔断器（5A 3 个）；（5）接触器（1 个）；（6）选择开关（3 个）；（7）电位器（1 个）；（8）导线若干。

4.2.4 实验原理

4.2.4.1 在长期存放后进行安装时变频器的处理

变频器在长期存放以后进行安装时，必须对其内的电容器重新处理。处理的要求如图4-12 所示。

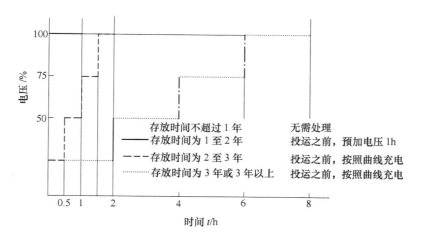

图 4-12 长期存放后进行安装时变频器的处理时间

4.2.4.2 变频器运行的环境条件

（1）温度。变频器允许的输出电流与工作地点的环境温度密切相关，MM440 变频器不同的框架尺寸允许的环境温度不同，具体环境条件可参考 MM420 手册。

（2）湿度。空气的相对湿度不超过 95%，无结露。

（3）海拔高度。如果安装在海拔高度大于 1000m 或大于 2000m，变频器的输出电流和输入电源电压降格必须参考 MM420/MM440 手册要求调节。

（4）冲击和振动。不允许变频器掉到地下或遭受突然的撞击。不允许把变频器安装在有可能经常受到振动的地方。

（5）电磁辐射。不允许把变频器安装在接近电磁辐射源的地方。

（6）大气污染。不允许把变频器安装在存在大气污染的环境中，例如，存在灰尘、腐蚀性气体等的环境中。

（7）水。变频器的安装位置切记要远离有可能出现淋水的地方。例如，不要把变频器安装在水管的下面，因为水管的表面有可能结露。禁止把变频器安装在湿度过大和有可能出现结露的地方。

（8）安装和冷却。变频器不得卧式安装（水平位置）。在变频器附近不要安装有对冷却空气流通造成负面影响的其他设备。确认变频器的冷却风口处于正确的位置，不妨碍空气的流通。变频器可以一个挨一个地并排安装。变频器的顶上和底部都至少要留有 100 mm 的间隙。MM440 变频器不同的框架尺寸允许上、下间隙不同，须按其手册中要求进行安装。

4.2.4.3　机械安装

A　机壳外形尺寸为 A 型时 DIN 导轨的安装方法

把变频器安装到 35mm 的标准导轨上的方法如图 4-13 所示。

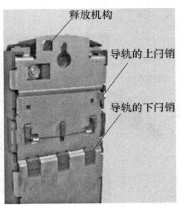

图 4-13　变频器安装到导轨

（1）用导轨的上闩销把变频器固定到导轨的安装位置上。

（2）向导轨上按压变频器，直到导轨的下闩销嵌入到位。

B　从导轨上拆卸变频器的方法

从导轨上拆卸变频器的方法如图 4-14 所示。

（1）为了松开变频器的释放机构，将螺丝刀插入释放机构中。

（2）向下施加压力，导轨的下闩销就会松开。

（3）将变频器从导轨上取下。

图 4-14　从导轨上拆卸变频器

4.2.4.4　电气安装

变频器必须可靠接地。如果不把变频器正确地接地，装置内可能出现导致人身伤害的特别危险的情况。

A　概述

（1）电源（中性点）不接地（IT）时变频器的运行。MICROMASTER 变频器可以在供电电源的中性点不接地的情况下运行，而且，当输入线中有一相接地短路时仍可继续运行。如果输出有一相接地，MICROMASTER 将跳闸，并显示故障码 F0001。电源（中性点）不接地时需要从变频器中拆掉"Y"形接线的电容器，并安装一台输出电抗器。

（2）具有剩余电流保护器（RCD）时变频器的运行。如果安装了剩余电流保护器 RCD（也称为 ELCB 或 RCCB），将不必再担心 MICROMASTER 变频器运行中不应有的跳闸，但要求：1）采用 B 型 RCD；2）RCD 的跳闸限定值是 300mA；3）供电电源的中性点接地；4）每台 RCD 只为一台变频器供电；5）输出电缆的长度不超过 50m（屏蔽的）或 100m（不带屏蔽的）。

（3）使用长电缆时的运行。电缆长度不超过 50m（屏蔽的）或 100m（不带屏蔽的）时，所有型号的变频器都将按照技术规格的数据满负荷运行。

B　电源和电动机的连接

打开变频器的盖子后，就可以连接电源和电动机的接线端子，如图 4-15 所示。

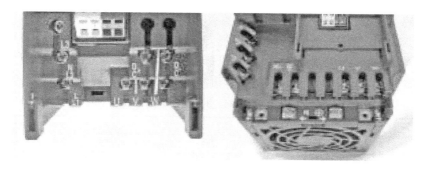

图 4-15　MICROMASTER 420 变频器的连接端子

表 4-1 中为 MM420 接线端子及其名称。

表 4-1　MM420 接线端子及其名称

端子	名　称	端子	名　称	端子	名　称
1	+10 V	6	DIN2（数量入 2）	11	RL1-C
2	0 V	7	DIN3（数量入 3）	12	AOUT +（模量出）
3	AIN +（模量入）	8	+24V	13	AOUT-
4	AIN −	9	0V	14	RS486 接口线
5	DIN1（数量入 1）	10	RL1-B（输出继电器触头）	15	RS486 接口线

电源和电动机的接线必须按照图 4-16 所示的方法进行。

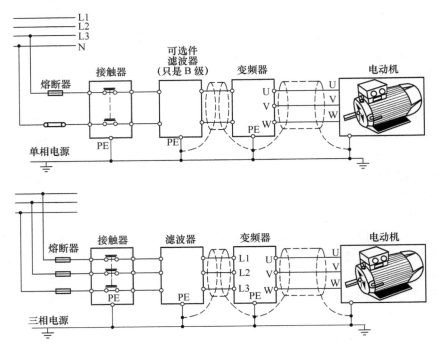

图 4-16　电源和电动机的接线方法

MM440 的变频器还可能接入进线电抗器，其接线方法可参考手册进行。

MM440 变频器内装有一台用于电源电压与风机电压相匹配的变压器。为了与实际电源电压相吻合，可能需要重新连接变压器一次侧端子接线。如果不按照实际存在的电源电压重新连接端子，风机熔断器可能烧断。风机熔断器更换需按表 4-2 进行。

表 4-2　变频器与风机熔断器匹配表

框架尺寸	熔断器（每台 2 只）	推荐熔断器
FX（90kW CT）	1A/600V/慢速	Cooper-Bussmann FNQ-R-1，600V 或类似熔断器
FX（110kW CT）	2.5A/600V/慢速	Ferraz Gould Shawmut ATDR2-1/2，600V 或类似熔断器
GX（132～200kW CT）	4A/600V/慢速	Ferraz Gould Shawmut ATDR4600V 或类似熔断器

C　电磁干扰（EMI）的防护

变频器的设计允许它在具有很强电磁干扰的工业环境下运行。通常，如果安装的质量良好，就可以确保安全和无故障的运行。如果在运行中遇到问题，请按下面指出的措施进行处理。

（1）确信机柜内的所有设备都已用短而粗的接地电缆可靠地连接到公共的星形接地点或公共的接地母线。

（2）确信与变频器连接的任何控制设备（例如 PLC）也像变频器一样，用短而粗的接地电缆连接到同一个接地网或星形接地点。

（3）由电动机返回的接地线直接连接到控制该电动机的变频器的接地端子（PE）上。

（4）接触器的触头最好是扁平的，因为它们在高频时阻抗较低。

（5）截断电缆的端头时应尽可能整齐，保证未经屏蔽的线段尽可能短。

（6）控制电缆的布线应尽可能远离供电电源线，使用单独的走线槽；在必须与电源线交叉时，相互应采取90°直角交叉。

（7）无论何时，与控制回路的连接线都应采用屏蔽电缆。

（8）确信机柜内安装的接触器应是带阻尼的，即是说，在交流接触器的线圈上连接有RC 阻尼回路；在直流接触器的线圈上连接有续流二极管。安装压敏电阻对抑制过电压也是有效的。当接触器由变频器的继电器进行控制时，这一点尤其重要。

（9）接到电动机的连接线应采用屏蔽的或带有铠甲的电缆，并用电缆接线卡子将屏蔽层的两端接地。

D 屏蔽的方法

（1）有密封盖的屏蔽方法。密封盖板组合件是作为可选件供货的。该组合件便于屏蔽层的连接。请参看随变频器供货的 CD 光盘中有关密封盖板的安装说明。

（2）无密封盖时屏蔽层的接线。如果没有密封盖，变频器可以按图4-17 的方法连接电缆的屏蔽层。

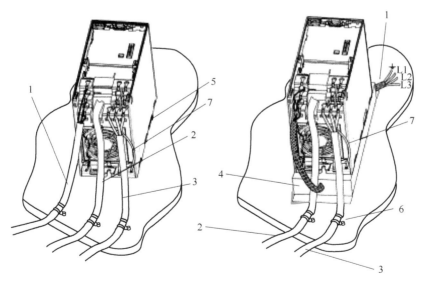

图 4-17　变频器无密封盖时屏蔽层的接线

1—输入电源线；2—控制电缆；3—电动机电缆；4—背板式滤波器；

5—金属底板；6—固定卡子；7—屏蔽电缆

MM440 变频器框架尺寸为 FX 和 GX 时，导线的屏蔽层与接线图中的屏蔽层连接端子应可靠连接。为此，把电动机电缆的屏蔽层绞在一起，并把所有电缆用螺钉一起固定到电机电缆屏蔽层连接端子上。

在采用 EMI（电磁干扰）滤波器时，必须接入进线电抗器。电缆的屏蔽层应紧固在紧靠电抗器的金属安装面板上。

4.2.4.5　实验步骤

（1）绘制电源、变频器和电动机接线图。

（2）完成安装、接线和调试。

（3）按照如图 4-18 所示 MM440 基本操作端子接线示意图安装、接线和调试。

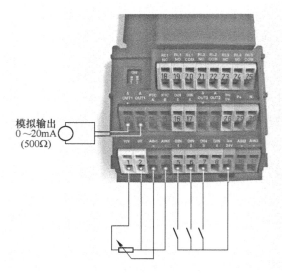

图 4-18　MM440 基本操作端子接线示意图

4.2.4.6　注意事项

（1）只有认真阅读过 MM420/440 使用手册，经教师培训并认证合格的学员才允许在实训装置/系统上进行安装工作。

（2）在电源开关断开以后，必须等待 5min，使变频器放电完毕，才允许开始安装作业。

（3）在安装变频器时一定要严格遵守安全规程！要特别注意遵守工作的常规和地方性安装和安全导则，要遵守有关正确使用工具和人身防护装置的规定。

（4）变频器必须可靠接地。接地导体的最小截面积必须等于或大于供电电源电缆的截面积。

（5）电源电缆和电动机电缆与变频器相应的接线端子连接好以后，在接通电源时必须确信变频器的前盖板已经盖好！

4.2.4.7　课后练习

参照图 4-16 和图 4-17 实现 MM420、MM440 变频器的典型安装。

4.3 实验三 MM420、MM440 变频器的 BOP 面板操作与参数设置

4.3.1 实验目的

（1）进一步巩固"通用变频器及其应用"课程及前期相关课程"电力电子技术"、"交流调速系统"的基础理论知识。

（2）学会参看"MM420、MM440 使用大全"，了解并掌握变频器、面板控制方式，参数的设置。

（3）掌握 MM420、MM440 变频器 DI/DO、AI/AO 端子的接线方法。

（4）使用变频器实现对三相鼠笼式异步电动机的一些简单控制。

4.3.2 实验内容

（1）BOP 面板控制功能图。

（2）MM420、MM440 变频器的 BOP 按钮功能。

（3）MM420、MM440 变频器的参数设置。

（4）利用 BOP 面板快速调试。

4.3.3 实验设备及元器件

（1）常用电工工具（一套）；（2）MM420、MM440 变频器各一台；（3）适配电动机；（4）导线若干；（5）PLC、变频器高级实验装置。

4.3.4 实验原理

4.3.4.1 MM420、MM440 变频器 BOP 控制功能

MM420、MM440 变频器 BOP 控制功能如图 4-19 所示。

4.3.4.2 MM420、MM440 变频器与电源的连接

参看"MM420、MM440 使用大全"，MM420 变频器典型的安装方法如图 4-16 所示。

将 MM420 变频器与电源和电动机进行正确的接线，即将实验台上的 380V 三相交流电源连接至 MM420 的输入端"L1、L2、L3"，将变频器的输出端"U、V、W"连接至鼠笼异步电动机。同时还要进行相应的接地保护连接。

4.3.4.3 MM420、MM440 变频器与电机的接线

MM420、MM440 变频器与电机的接线如图 4-20 所示。

4.3.4.4 MM420、MM440 BOP（基本操作面板）及功能描述

MM420、MM440 BOP（基本操作面板）面板图如图 1-6 所示。关于 MM420 、MM440 BOP 上的按钮功能描述见表 1-4 所示。

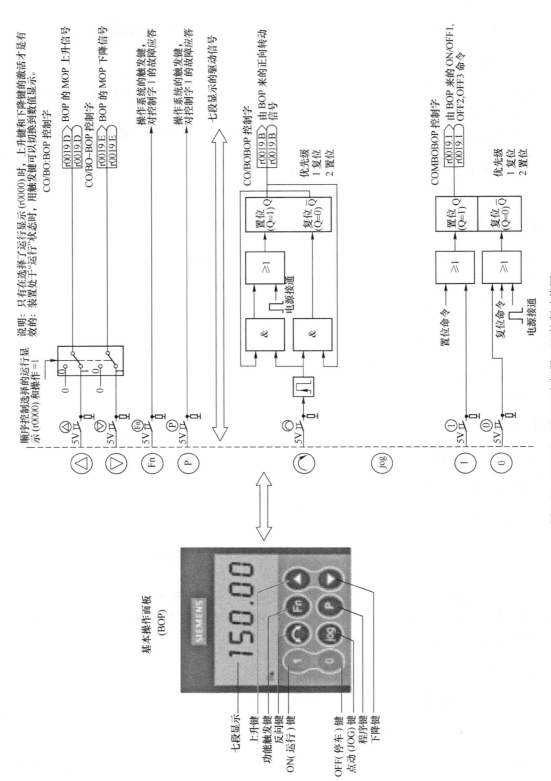

图 4-19　MM420、MM440 变频器 BOP 控制功能图

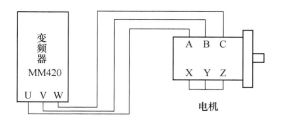

图 4-20 MM420、MM440 变频器与电机的接线

4.3.4.5 使用 BOP 对变频器的参数进行工厂复位

P0010 = 30，P0970 = 1。

4.3.4.6 使用 BOP 对变频器进行快速参数化

注意：严格按照电机的名牌进行相关参数的设置。
P0010 = 1（开始快速调试）
P0100 = …（选择工作地区）
P0304 = …（电动机额定电压 V）
P0305 = …（电动机额定电流 A）
P0307 = …（电动机额定功率 W）
P0310 = …（电动机额定频率 Hz）
P0311 = …（电动机额定转速 r/min）
P0700 = …（命令源选择）
P1000 = …（选择频率设定值）
P1080 = …（电动机运行的最低频率 Hz）
P1082 = …（最大电动机频率）
P1120 = …（斜坡上升时间 s）
P1121 = …（斜坡下降时间 s）
P3900 = 1（结束快速调速）

4.3.4.7 其他设置

使用 BOP 上的功能键对电机进行正转、反转、点动、加速和减速控制。

4.3.5 实验步骤

（1）BOP 面板控制功能图。
（2）MM420、MM440 变频器与电源的连接。
（3）MM420、MM440 变频器与电机的接线。
（4）合上变频器电源。
（5）通过 BOP 操作面板，恢复出厂设置。
（6）通过 BOP 操作面板，设定电动机的额定参数。

（7）设定电动机的开环下控制参数。

（8）通过面板操作按键，让电动机运行、停止、点动、正转、反转。

（9）查看电动机运行时的频率、转速、电流、电压、转矩。

4.3.6 课后练习

（1）怎样使用 BOP 对 MM420、MM440 变频器进行快速参数化？

（2）P003 = 2，P004 = 7 表示什么意思？

4.4 实验四 MM420、MM440 变频器控制端口开关操作运行

4.4.1 实验目的

（1）进一步巩固"通用变频器及其应用"课程及前期相关课程"电力电子技术"、"交流调速系统"的基础理论知识。

（2）学会参看"MM440 使用大全"，掌握 MM440 变频器的原理、构成及功能。

（3）掌握 MM440 变频器 DI/DO 端子的接线方法。

（4）掌握用变频器外接端子数字量端口开关控制电动机的方法。

4.4.2 实验内容

有一台三相异步电动机，功率为 1.1kW，额定转速为 1400r/min，额定电流为 2.52A，额定电压为 380V。现需用外部端子进行正、反转控制，正、反转稳定运行在 560r/min 的转速上，正、反向点动运行转速为 280r/min。

4.4.3 实验设备及元器件

（1）常用电工工具（一套）；（2）MM440 变频器；（3）适配电动机；（4）常用仪表；（5）空气断路器、选择开关；（6）导线若干；（7）PLC、变频器高级实验装置。

4.4.4 实验原理

MM440 变频器控制端口开关操作运行：

MM440 变频器有 6 个数字输入端口，每一个数字输入端口功能很多，可根据用户的需要进行设置。从 P0701 ~ P0706 为数字输入 1 功能及数字输入 6 功能，每一个数字输入功能设置参数值范围均从 0 ~ 99，工厂缺省值为 1，下面列出其中几个参数值，并说明其含义。

参数值为 1：ON 接通正转，OFF1 停车；

参数值为 2：ON 接通反转，OFF1 停车；

参数值为 3：OFF2（停车命令 2），按惯性自由停车；

参数值为 4：OFF3（停车命令 3），按斜坡函数曲线快速降速；

参数值为 9：故障确认；

参数值为 10：正向点动；

参数值为 11：反向点动；

参数值为 17：固定频率设定值；

参数值为 25：直流注入制动。

MM440 变频器数字输入控制端口开关操作运行接线如图 4-21 所示。在图 4-21 中 SB₁~SB₄ 为带锁按钮，分别控制 MM440 变频器的数字输入 "5" ~ "8" 端口。"5" 端口设为正转控制，其功能由 P0701 的参数值设置。"6" 端口设为反转控制，其功能由 P0702 的参数值设置。"7" 设为正向点动控制，其功能由 P0703 的参数值设置。"8" 端口设为反向点动控制，其功能由 P0704 的参数值设置。频率和时间各参数在变频器的前操作面板上直接设置。

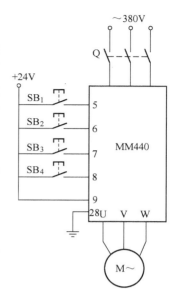

图 4-21　数字输入控制端口
开关操作运行接线图

4.4.4.1　操作步骤

（1）按图 4-21 接线图连接电路，检查线路正确后，合上变频器的电源空气开关 Q。

（2）恢复变频器工厂缺省值。按 "P" 键，变频器开始复位到工厂缺省值。

（3）设置电动机参数。电动机参数设置完后，设 P0010 = 0，变频器当前处于准备状态，可正常运行。

（4）设置数字输入控制端口开关操作运行参数。见表 4-3。

表 4-3　数字输入控制端口开关操作运行参数表

参数号	出厂值	设置值	说　明
P0003	1	1	设用户访问级为标准级
P0004	0	7	命令和数字 I/O
P0700	2	2	命令源选择 "由端子排输入"
P0003	1	2	设用户访问级为扩展级
P0004	0	7	命令和数字 I/O
P0701	1	1	ON 接通正转，OFF 停止
P0702	1	2	ON 接通反转，OFF 停止
P0703	9	10	正向点动
P0704	15	11	反向点动
P0003	1	1	设用户访问级为标准级
P0004	0	10	设定值通道和斜坡函数发生器
P1000	2	1	由键盘（电动电位计）输入设定值
P1080	0	0	电动机运行的最低频率（Hz）
P1082	50	50	电动机运行的最高频率（Hz）
P1120	10	5	斜坡上升时间（s）
P1121	10	5	斜坡下降时间（s）
P0003	1	2	设用户访问级为扩展级
P0004	0	10	设定值通道和斜坡函数发生器
P1040	5	20	设定键盘控制的频率值
P1058	5	10	正向点动频率（Hz）
P1059	5	10	反向点动频率（Hz）
P1060	10	5	点动斜坡上升时间（s）
P1061	10	5	点动斜坡下降时间（s）

4.4.4.2　数字输入控制端口开关操作运行控制

（1）电动机正向运行。当按下带锁按钮 SB_1 时，变频器数字输入端口"5"为"ON"，电动机按 P1120 所设置的 5s 斜坡上升时间正向启动，经 5s 后稳定运行在 560r/min 的转速上。此转速与 P1040 所设置的 20Hz 频率对应。

放开带锁按钮 SB_1，数字输入口"5"为"OFF"，电动机按 P1121 锁设置的 5s 斜坡下降时间停车，经 5s 后电动机停止运行。

（2）电动机反向运行。如果要使电动机反转，则按下带锁按钮 SB_2，变频器数字输入端口"6"为"ON"，电动机按 P1120 所设置的 5s 斜坡上升时间反向启动，经 5s 后反向运行在 560r/min 的转速上。此转速与 P1040 所设置的 20Hz 频率对应。

放开带锁按钮 SB_2，数字输入端口"6"为"OFF"，电动机按 P1121 所设置的 5s 斜坡下降时间停车，经 5s 后电动机停止运行。

（3）电动机正向点动运行。当按下正向点动带锁按钮 SB_3 时，变频器数字输入端口"7"为"ON"，电动机按 P1060 所设置的 5s 点动斜坡上升时间正向点动运行，经 5s 后正向稳定运行在 280r/min 的转速上，此转速与 P1058 所设置的 10Hz 频率对应。

当放开带锁按钮 SB_3，数字输入端口"7"为"OFF"，电动机按 P1061 所设置的 5s 点动斜坡下降时间停车。

（4）电动机反向点动运行。当按下反向点动带锁按钮 SB_4 时，变频器数字输入端口"8"为"ON"，电动机按 P1060 所设置的 5s 点动斜坡上升时间反向点动运行，经 5s 后反向稳定运行在 280r/min 的转速上，此转速与 P1058 所设置的 10Hz 频率对应。

当放开带锁按钮 SB_4，数字输入端口"8"为"OFF"，电动机按 P1061 所设置的 5s 点动斜坡下降时间停车。

4.4.5　实验步骤

（1）主电路的安装与接线；（2）外接控制电路的接线；（3）通过 BOP 操作面板，恢复出厂设置；（4）通过 BOP 操作面板，设定电动机的额定参数；（5）设定电动机的控制参数；（6）通过外接端子操作，让电动机正转、反转、停止，正、反向点动运行；（7）查看电动机运行时的频率、转速、电流、电压、转矩。

4.4.6　课后练习

有一台三相异步电动机，功率为 1.1kW，额定转速为 1400r/min，额定电流为 2.52A，额定电压为 380V。现需用外部端子进行正、反向点动转控制。运行要求如下：（1）点动正转频率 35Hz，点动斜坡上升时间 15s，点动斜坡下降时间 8s；（2）点动反转频率 45Hz，点动斜坡上升时间 6s，点动斜坡下降时间 20s。实现安装、接线、参数设置及调试。

4.5　实验五　MM420、MM440 变频器模拟信号操作控制

4.5.1　实验目的

（1）进一步巩固"通用变频器及其应用"课程及前期相关课程"电力电子技术"、

"交流调速系统"的基础理论知识。

（2）学会参看"MM440 使用大全"，掌握 MM440 变频器的原理、构成及功能。

（3）掌握 MM440 变频器 DI/DO、AI/AO 端子的接线方法。

（4）掌握用变频器外接端子模拟信号操作控制电动机的方法。

4.5.2 实验内容

有一台三相异步电动机，功率为 1.1kW，额定转速为 1400r/min，额定电流为 2.52A，额定电压为 380V。现需用外部端子进行正、反转控制，通过外接电位器进行调试控制。

4.5.3 实验设备及元器件

（1）常用电工工具（一套）；（2）MM440 变频器；（3）适配电动机；（4）常用仪表；（5）空气断路器、选择开关、电位器；（6）导线若干；（7）PLC、变频器高级实验装置。

4.5.4 实验原理

MM440 变频器可以通过 6 个数字输入端口对电动机进行正反转运行、正反转点动运行方向控制，可通过基本操作板 BOP 或高级操作板 AOP 来设置正反向转速的大小。也可以由数字输入端口控制电动机的正反转方向，由模拟输入端控制电动机转速的大小。MM440 变频器为用户提供了两对模拟输入端口，即端口"3"、"4"和端口"10"、"11"。图 4-22 为模拟信号操作控制电动机接线图。

在图 4-22 中，通过设置 P0701 的参数值，使数字输入"5"端口具有正转控制功能；通过设置 P0702 的参数值，使数字输入"6"端口具有反转控制功能；模拟输入"3"、"4"端口外接电位器，通过"3"端口输入大小可调的模拟电压信号，控制电动机转速的大小。即由数字输入端控制电动机转速的方向，由模拟输入端控制转速的大小。

由图 4-22 可见，MM440 变频器"1"、"2"输出端为转速调节电位器 R_{P1} 提供 +10V 直流稳压电流。由自动控制理论可知，输出量紧紧跟踪给定量的变化，给定单元的扰动作用对输出量的影响，控制系统无能为力。所以高精度的自动控制系统必须配备高精度的给定单元。为了确保交

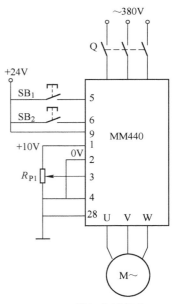

图 4-22　模拟信号操作
控制电动机接线图

流调速系统的控制精度，MM440 变频器通过"1"、"2"输出端为给定单元提供了一个高精度的直流稳压电源。

模拟信号操作控制参数设置见表 4-4。

表 4-4　模拟信号操作控制参数

参数号	出厂值	设置值	说　明
P0003	1	1	设用户访问级为标准级
P0004	0	7	命令和数字 I/O

参数号	出厂值	设置值	说　明
P0700	2	2	命令源选择"由端子排输入"
P0003	1	2	设用户访问级为扩展级
P0004	0	7	命令和数字 I/O
P0701①	1	1	N 接通正转，OFF 停止
P0702①	1	2	N 接通反转，OFF 停止
P0003	1	1	设用户访问级为标准级
P0004	0	10	设定值通道和斜坡函数发生器
P1000	2	2	频率设定值选择为"模拟输入"
P1080①	0	0	电动机运行的最低频率（Hz）
P1082①	50	50	电动机运行的最高频率（Hz）
P1120①	10	5	斜坡上升时间（s）
P1121①	10	5	斜坡下降时间（s）

① 该类参数可以根据用户的需要而改变。

4.5.5   实验步骤

（1）按图 4-22 连接电路，检查接线正确后，合上变频器电源空气开关 Q。

（2）恢复变频器工厂缺省值。

（3）设置电动机参数。电动机参数设置完成后，设 P0010 = 0，变频器当前处于准备状态，可正常运行。

（4）设置模拟信号操作控制参数。

（5）模拟信号操作控制。

1）电动机正常正转。按下电动机正转带锁按钮 SB$_1$，数字输入端口"5"为"ON"，电动机正转运行，转速由外接电位器 R_{P1} 来控制，模拟电位信号从 0 ~ +10V 变化，对应变频器的频率 0 ~ 50Hz 变化，对应电动机的转速从 0 ~ 1440r/min 变化，通过调节 R_{P1} 改变 MM440 变频器"3"端口模拟输入电压信号的大小，可平滑无级地调节电动机转速的大小。

当放开带锁按钮 SB$_1$ 时，电动机停止。

通过 P1120 和 P1121 参数，可设置斜坡上升时间和斜坡下降时间。

2）电动机反转。当按下电动机反转带锁按钮 SB$_2$ 时，数字输入端口"6"为"ON"，电动机反转运行，与电动机正转相同，反转转速的大小仍由外接电位器 R_{P1} 来调节。

当放开带锁按钮 SB$_2$ 时，电动机停止。

4.5.6   课后练习

当模拟量给定信号为 1 ~ 5V 时，变频器输出频率为 0 ~ 50Hz，设置参数并调试。

4.6 实验六 MM440 变频器跳跃频率及模拟输入功能的设置

4.6.1 实验目的

（1）进一步巩固"通用变频器及其应用"课程及前期相关课程"电力电子技术"、"交流调速系统"的基础理论知识。

（2）学会参看"MM440 使用大全"，掌握 MM440 变频器的原理、构成及功能。

（3）掌握 MM440 变频器跳跃频率的设置方法。

（4）掌握 MM440 变频器模拟输入电压-频率曲线和电流-频率曲线的调整。

4.6.2 实验内容

有一台三相异步电动机，功率为 1.5kW，额定转速为 1440r/min，额定电流为 3.7A。用 MM440 变频器驱动，电位器对频率进行调节，从 0Hz 逐渐增加频率当频率增加到 16Hz 时。频率显示将从 0 线性增大到 16Hz，继续调节旋钮，当增加到一定程度，频率会从 16Hz 直接跳跃到 24Hz，中间的频率带被屏蔽掉。

4.6.3 实验设备及元器件

（1）常用电工工具（一套）；（2）MM440 变频器；（3）适配电动机；（4）常用仪表；（5）空气断路器、选择开关；（6）导线若干；（7）PLC、变频器高级实验装置。

4.6.4 实验原理

4.6.4.1 MM440 变频器的模拟输入功能

MM440 变频器有两路模拟输入，可以通过 P0756 分别设置每个通道属性，P0756 的设定值及功能见表 4-5。

表 4-5 P0756 参数的设定值及功能表

参数号码	设定值	参 数 功 能	说 明
P0756	0	单极性电压输入（0 ~ +10V）	"带监控"是指模拟通道具有监控功能，当断线或信号超限，报故障 F0080
	1	带监控的单极性电压输入（0 ~ +10V）	
	2	单极性电流输入（0 ~ 20mA）	
	3	带监控的单极性电流输入（0 ~ 20mA）	
	4	双极性电压输入（-10 ~ +10V）	

除了上面这些设定范围，还可以支持常见的 2 ~ 10V 和 4 ~ 20mA 这些模拟标定方式。

以模拟量通道 1 电压信号 2 ~ 10V 作为频率给定，其电压-频率曲线如图 4-23 所示。

其给定曲线调整需要设置的参数见表4-6。

表4-6　电压-频率曲线调整参数设置表

参 数 号 码	设 定 值	参 数 功 能
P0757 [0]	2	电压2V对应0%的标准，即0Hz
P0758 [0]	0%	
P0759 [0]	10	电压10V对应100%的标准，即50Hz
P0760 [0]	100%	
P0761 [0]	2	死区宽度

以模拟量通道2电流信号4～20mA作为频率给定，其电流-频率曲线如图4-24所示。其给定曲线调整需要设置的参数见表4-7。

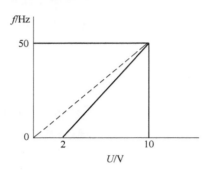

图4-23　电压-频率关系曲线

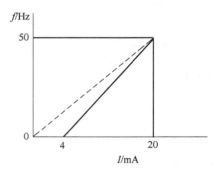

图4-24　电流-频率关系曲线

表4-7　电流-频率曲线调整参数设置表

参 数 号 码	设 定 值	参 数 功 能
P0757 [1]	4	电流4mA对应0%的标准，即0Hz
P0758 [1]	0%	
P0759 [1]	20	电流20mA对应100%的标准，即50Hz
P0760 [1]	100%	
P0761 [1]	4	死区宽度

注：对于电流输入，必须将相应通道的拨码开关拨至"ON"的位置。

4.6.4.2　MM440变频器的跳跃频率功能

在工业生产中，为了避开机械共振的影响，变频器有些频率带需要被跳跃过去。在这里就要用到变频器的跳跃频率参数P1091～P1094和跳跃频率的频率带宽P1101（参看参数说明表P1091～P1101）。其跳跃频率与频带宽度如图4-25所示。

4.6.5 实验步骤

（1）主电路的安装与接线。

（2）外接控制电路的接线。

（3）通过 BOP 操作面板，恢复出厂设置。

（4）通过 BOP 操作面板，设定电动机的额定参数。

（5）设定电动机的控制参数。

（6）通过外接电位器对频率进行调节，电位器电压从 2V 增大到 10V 时，频率由 0Hz 增大到 50Hz 过程中，当频率增加到 16Hz 时，继续调节旋钮，频率会从 16Hz 直接跳跃到 24Hz 后再线性增大到 50Hz，中间的频率带被屏蔽掉。

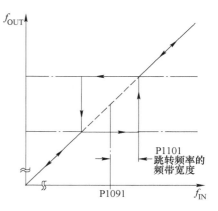

图 4-25 跳跃频率与频带宽度说明图

（7）查看 BOP 操作面板输出频率和电动机运行时的状况。

4.6.6 课后练习

有一台三相异步电动机，功率为 1.1kW，额定转速为 1400r/min，额定电流为 2.52A，额定电压为 380V。要求如下：当模拟电流给定信号为 4～20mA 时，频率由 0Hz 增大到 50Hz 过程中，当频率增加到 26Hz 时，继续调节旋钮，频率会从 26Hz 直接跳跃到 34Hz 后再线性增大到 50Hz。实现安装、接线、参数设置及调试。

4.7 实验七 MM420、MM440 变频器的 3 段固定频率控制

4.7.1 实验目的

（1）学会参看"MM440 使用大全"，掌握 MM440 变频器的原理、构成及功能。

（2）掌握 MM440 变频器 3 段速控制的几种实现方法。

（3）掌握 MM440 变频器 3 段速控制的连接和有关参数设置。

（4）掌握 BOP 面板参数设置和外接端子操作的 3 段速控制运行技能。

4.7.2 实验内容

有一台三相异步电动机，功率为 1.1kW，额定转速为 1400r/min，额定电流为 2.52A，额定电压为 380V。现需用外部端子进行 3 段速控制。

4.7.3 实验设备及元器件

（1）常用电工工具（一套）；（2）MM440 变频器；（3）适配电动机；（4）常用仪表；（5）空气断路器、选择开关等；（6）导线若干；（7）PLC、变频器高级实验装置。

4.7.4 实验原理

4.7.4.1 MM440 变频器多段速功能

多段速功能，也称为固定频率，就是设置参数 P1000 = 3 的条件下，用开关量端子选

择固定频率的组合，实现电机多段速度运行。可通过如下三种方法实现。

（1）直接选择（P0701～P0705＝15）。这种操作方式下，一个数字输入选择一个固定频率，见表4-8。

表4-8　直接选择端子及参数

端子编号	对应参数	对应频率设置	说　明
5	P0701	P1001	
6	P0702	P1002	
7	P0703	P1003	（1）频率给定源必须设置为3；
8	P0704	P1004	（2）当多个选择同时激活时，选定的频率是它们的总和
16	P0705	P1005	
17	P0706	P1006	

（2）直接选择＋ON命令（P0701～P0705＝16）。这种操作方式下，数字输入既选择固定频率（见表4-8），又具备启动功能。

（3）二进制编码（P0701～P0704＝17）。使用这种方法最多可以选择15个固定频率，各个固定频率的数值根据表4-9选择。

表4-9　二进制编码端子及频率设定

频率设定	端子8	端子7	端子6	端子5
P1001				1
P1002			1	
P1003			1	1
P1004		1		
P1005		1		1
P1006		1	1	
P1007		1	1	1
P1008	1			
P1009	1			1
P1010	1		1	
P1011	1		1	1
P1012	1	1		
P1013	1	1		1
P1014	1	1	1	
P1015	1	1	1	1

4.7.4.2　MM440变频器3段速固定频率控制

如果要实现3段固定频率，需要3个数字输入端口，图4-26为3段固定频率控制接线图。

MM440变频器的数字输入端"7"设为电动机运行/停止控制，由P0703参数设置，数字输入端"5"和"6"设为3段固定频率控制，由带锁按钮SB$_1$和SB$_2$组合成不同的状态控制"5"和"6"端口，实现3段固定频率控制。第1段频率设为10Hz，第2段频率设为25Hz，第3段频率设为50Hz。见表4-10。

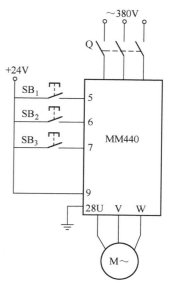

图4-26　3段固定频率控制接线图

表4-10　3段固定频率控制状态表

固定频率	6端口（SB$_2$）	5端口（SB$_1$）	对应频率所设置的参数	频率/Hz	电动机转速/r·min^{-1}
1	0	1	P1001	10	280
2	1	0	P1002	25	700
3	1	1	P1003	50	1400
OFF	0	0	0	0	0

4.7.5　实验步骤

（1）按图4-26连接电路，检查接线正确后，合上变频器电源空气开关Q。

（2）恢复变频器工厂缺省值。

（3）设置电动机参数。电动机参数设置完成后，设P0010=0，变频器当前处于准备状态，可正常运行。

（4）设置3段固定频率控制参数。

（5）3段固定频率控制。当按下带锁按钮SB$_3$时，数字输入端口"7"为"ON"，允许电动机运行。

1）第1频段控制。当SB$_1$按钮开关接通、SB$_2$按钮开关断开时，变频器数字输入端口"5"为"ON"，端口"6"为"OFF"，变频器工作在由P1001参数所设定的频率为10Hz的第1频段上，电动机运行在由10Hz所对应的280r/min的转速上。

2）第2频段控制。当SB$_1$按钮开关断开、SB$_2$按钮开关接通时，变频器数字输入端口"5"为"OFF"，断开"6"为"ON"，变频器工作在由P1002参数所设定的频率为25Hz的第2频段上，电动机运行在由25Hz所对应的700r/min的转速上。

3）第3频段控制。当SB$_1$按钮开关接通、SB$_2$按钮开关接通时，变频器数字输入端口"5"为"ON"，端口"6"为"ON"，变频器工作在由P1003参数所设定的频率为50Hz的第3频段上，电动机运行在由50Hz所对应的1400r/min的转速上。

4）电动机停车。当SB$_1$、SB$_2$按钮开关都断开时，变频器数字输入端口"5"、"6"均为"OFF"，电动机停止运行。或在电动机正常运行的如何频段，将SB$_3$断开使数字输入端口"7"为"OFF"，电动机也能停止运行。

4.7.6　课后练习

有一台三相异步电动机，功率为 1.1kW，额定转速为 1400r/min，额定电流为 2.52A，额定电压为 380V。现需用外部端子进行 3 段固定频率控制。运行要求第 1 频段电动机转速为 1120r/min；第 2 频段电动机转速为 1400r/min；第 3 频段电动机转速为 −1400r/min。用直接选择和直接选择 + ON 命令实现。完成安装、接线、参数设置及调试。

4.8　实验八　MM420、MM440 变频器的 7 段固定频率控制

4.8.1　实验目的

（1）学会参看"MM440 使用大全"，掌握 MM440 变频器的原理、构成及功能。

（2）掌握 MM420、MM440 变频器 7 段速控制的几种实现方法。

（3）掌握 MM420、MM440 变频器 7 段速控制的连接和有关参数设置。

（4）掌握 BOP 面板参数设置和外接端子操作的 7 段速控制运行技能。

4.8.2　实验内容

有一台三相异步电动机，功率为 1.1kW，额定转速为 1400r/min，额定电流为 2.52A，额定电压为 380V。现需用外部端子进行 7 段速控制。

4.8.3　实验设备及元器件

（1）常用电工工具(一套)；（2）MM440 变频器;(3）适配电动机；（4）常用仪表；（5）空气断路器、带锁按钮等；（6）导线若干；（7）PLC、变频器高级实验装置。

4.8.4　实验原理

要实现 7 段固定频率控制，需要 4 个数字输入端口，图4-27 为 7 段固定频率控制接线图。

在图中，MM440 变频器的数字输入端口"8"设为电动机运行、停止控制端口，数字输入端口"5"、"6"、"7"设为 7 段固定频率控制端口，由带锁按钮 SB$_1$、SB$_2$、SB$_3$ 按不同通断状态组合，实现 7 段固定频率控制。第 1 段频率设为10Hz，第 2 段频率设为 20Hz，第 3 段频率设为 50Hz，第 4段频率设为 30Hz，第 5 段频率设为 −10Hz，第 6 段频率设为−20Hz，第 7 段频率设为 −50Hz。7 段固定频率控制状态表见表4-11，7 段固定频率控制参数见表4-12。

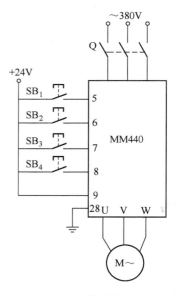

图 4-27　7 段固定频率
控制接线图

当按下带锁按钮 SB$_4$ 时，数字输入端口"8"为"ON"，允许电动机运行。

（1）第 1 频段控制。当 SB$_1$ 按钮开关接通、SB$_2$ 和 SB$_3$ 按钮开关断开时，变频器数字输入端口"5"为"ON"，端口"6"、"7"为"OFF"，变频器工作在由 P1001 参数所设定的频率为 10Hz 的第 1 频段上，电动机运行在由 10Hz 所对应的 280r/min 的转速上。

表 4-11　7 段固定频率控制状态表

固定频率	7 端口（SB$_3$）	6 端口（SB$_2$）	5 端口（SB1）	对应频率所设置的参数	频率/Hz	电动机转速/r·min^{-1}
1	0	0	1	P1001	10	280
2	0	1	0	P1002	20	560
3	0	1	1	P1003	50	1400
4	1	0	0	P1004	30	840
5	1	0	1	P1005	−10	−280
6	1	1	0	P1006	−20	−560
7	1	1	1	P1007	−50	−1400
OFF	0	0	0	0	0	0

表 4-12　7 段固定频率控制参数表

参数号	出厂值	设置值	说　明
P0003	1	1	设用户访问级为标准级
P0004	0	7	命令和数字 I/O
P0700	2	2	命令源选择"由端子排输入"
P0003	1	2	设用户访问级为扩展级
P0004	0	7	命令和数字 I/O
P0701①	1	17	选择固定频率
P0702①	1	17	选择固定频率
P0703①	9	17	选择固定频率
P0704①	15	1	ON 接通正转，OFF 停止
P0003	1	1	设用户访问级为标准级
P0004	0	10	设定值通道和斜坡函数发生器
P1000	2	3	选择固定频率设定值
P0003	1	2	设用户访问级为扩展级
P0004	0	10	设定值通道和斜坡函数发生器
P1001①	0	10	设置固定频率 1（Hz）
P1002①	5	20	设置固定频率 2（Hz）
P1003①	10	50	设置固定频率 3（Hz）
P1004①	15	30	设置固定频率 4（Hz）
P1005①	20	−10	设置固定频率 5（Hz）
P1006①	25	−20	设置固定频率 6（Hz）
P1007①	30	−50	设置固定频率 6（Hz）

① 该类参数可按用户的需要改变。

（2）第 2 频段控制。当 SB$_1$ 和 SB$_3$ 按钮开关断开、SB$_2$ 按钮开关接通时，变频器数字输入端口"5"、"7"为"OFF"，断开"6"为"ON"，变频器工作在由 P1002 参数所设定的频率为 20Hz 的第 2 频段上，电动机运行在由 25Hz 所对应的 560r/min 的转速上。

（3）第 3 频段控制。当 SB$_1$、SB$_2$ 按钮开关接通、SB$_3$ 按钮开关断开时，变频器数字输入端口"5"、"6"为"ON"，端口"7"为"OFF"，变频器工作在由 P1003 参数所设定的频率为 50Hz 的第 3 频段上，电动机运行在由 50Hz 所对应的 1400r/min 的转速上。

（4）第 4 频段控制。当 SB$_3$ 按钮开关接通、SB$_1$、SB$_2$ 按钮开关断开时，变频器数字输入端口"7"为"ON"，端口"5"、"6"为"OFF"，变频器工作在 P1004 参数所设定的频率为 30Hz 的第 4 频段上，电动机运行在由 30Hz 所对应的 840r/min 的转速上。

（5）第 5 频段控制。当 SB$_1$、SB$_3$ 按钮开关接通、SB$_2$ 按钮开关断开时，变频器数字输入端口"5"、"7"为"ON"，端口"6"为"OFF"，变频器工作在 P1005 参数所设定的频率为 – 10Hz 的第 5 频段上，电动机运行在由 – 10Hz 所对应的 – 280r/min 的转速上。

（6）第 6 频段控制。当 SB$_2$、SB$_3$ 按钮开关接通、SB$_1$ 按钮开关断开时，变频器数字输入端口"5"、"7"为"ON"，端口"5"为"OFF"，变频器工作在 P1006 参数所设定的频率为 – 20Hz 的第 6 频段上，电动机运行在由 – 20Hz 所对应的 – 560r/min 的转速上。

（7）第 7 频段控制。当 SB$_1$、SB$_2$ 和 SB$_3$ 按钮开关同时接通时，变频器数字输入端口"5"、"6"、"7"均为"ON"，变频器工作在 P1007 参数所设定的频率为 – 50Hz 的第 7 频段上，电动机运行在由 – 50Hz 所对应的 – 1400r/min 的转速上。

（8）电动机停车。当 SB$_1$、SB$_2$、SB$_3$ 按钮开关都断开时，变频器数字输入端口"5"、"6"和"7"均为"OFF"，电动机停止运行。或在电动机正常运行的如何频段，将 SB$_4$ 断开使数字输入端口"8"为"OFF"，电动机也能停止运行。

4.8.5　实验步骤

（1）按图 4-27 连接电路，检查接线正确后，合上变频器电源空气开关 Q。

（2）恢复变频器工厂缺省值。

（3）设置电动机参数。电动机参数设置完成后，设 P0010 = 0，变频器当前处于准备状态，可正常运行。

（4）设置 7 段固定频率控制参数。

（5）7 段固定频率控制。

（6）绘制 7 段固定频率控制特性曲线。

4.8.6　课后练习

有一台三相异步电动机，功率为 1.1kW，额定转速为 1400r/min，额定电流为 2.52A，额定电压为 380V。现需用外部端子进行 7 段固定频率控制。其固定频率控制特性曲线如图 4-28 所示。用直接选择和直接选择 + ON 命令实现。完成安装、接线、参数设置及调试。

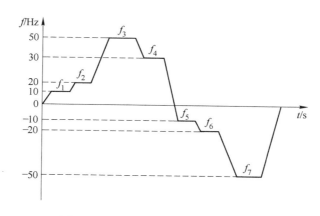

图 4-28 7 段固定频率控制特性曲线

4.9 实验九 MM440 变频器工频/变频切换

4.9.1 实验目的

（1）学会参看"MM440 使用大全"，掌握 MM440 变频器的原理、构成及功能。

（2）掌握 MM440 变频器的工频/变频切换的接线、原理。

（3）掌握利用变频器输出继电器 RL_1 进行故障时自动切换到工频电路的方法。

4.9.2 实验内容

有一台三相异步电动机，功率为 $1.1\,kW$，额定转速为 $1400\,r/min$，额定电流为 $2.52A$，额定电压为 $380V$。现用外接电位器调速，当电机输出频率大于 $50Hz$ 时，通过控制线路切换到工频运行。

4.9.3 实验设备及元器件

（1）常用电工工具（一套）；（2）MM440 变频器；（3）适配电动机；（4）常用仪表；（5）完成工频/变频切换控制的常用继电器；（6）导线若干；（7）PLC、变频器高级实验装置。

4.9.4 实验原理

MM440 变频器内部有 3 个可编程的输出继电器，利用它们可实现变频器故障时自动切换到工频电路，或在频率达到某一数值时进行切换。

4.9.4.1 故障切换

MM440 变频器故障切换电路如图 4-29 所示。

A 主电路

如图 4-29 所示，接触器 KM_1 用于将电源接至变频器的输入端；KM_2 用于将变频器的输出端接至电动机；KM_3 用于将工频电源直接接至电动机，热继电器 FR 用于工频运行时

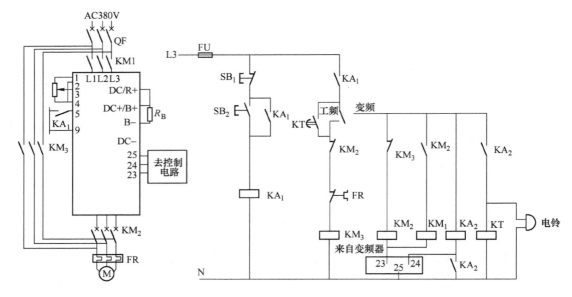

图 4-29　故障切换电路

的过载保护。

对控制电路的要求是：接触器 KM₂ 和 KM₃ 不允许同时接通，必须有可靠的互锁。

B　控制电路

（1）工频运行。将转换开关转到"工频"位。

按启动按钮 SB₂→继电器 KA₁ 得电并自锁，辅助常开触头闭合→接触器 KM₃ 得电→KM₃ 主触点闭合→电动机工频启动并运行；KM₃ 辅助常闭触点断开→防止 KM₂ 通电。

（2）变频运行。将转换开关转到"变频"位。

按启动按钮 SB₂→继电器 KA₁ 得电并自锁，辅助常开触头闭合→接触器 KM₂ 得电→KM₂ 主触点闭合→电动机接至变频器；KM₂ 辅助常闭触点断开→防止 KM₃ 通电；KM₂ 辅助常开触点闭合→接触器 KM₁ 得电；KM₁ 主触点闭合→变频器接通电源并运行。

（3）故障切换。当变频器发生故障时，23-25 断开，24-25 闭合。23-25 断开→KM₁ 和 KM₂ 线圈失电，主触头分断，变频器和电源及电动机切断；24-25 闭合→KA₂ 线圈得电并自锁→电铃鸣叫报警，同时辅助常开触点闭合→时间继电器 KT 得电，KT 延时闭合→接触器 KM₃ 主触点闭合，电动机切换至工频运行。

当操作人员得到报警信号后，应首先将转换开关切换至工频运行的位置。

（4）设置故障切换相关参数。要实现变频器故障时自动切换，只需变频器故障时 RL₃ 动作使 23-25 断开，24-25 闭合，参数设置见表 4-13。

表 4-13　故障切换参数表

参数号	出厂值	设置值	说　明
P0003	1	3	用户访问级为专家级
P0004	0	0	参数过滤显示全部参数
P0700	2	2	由端子排输入

参数号	出厂值	设置值	说　明
P0701	1	1	端子 DIN1 功能为 ON 接通正转/OFF 停车
P0725	1	1	端子 DIN 输入为高电平有效
P0733	52.3	52.3	输出继电器 RL$_3$ 在变频器故障时动作
P0748	0	1	数字输出反相（即变频器故障时 RL$_3$ 动作）
P2100	0	23	故障报警信号的编号为 F0023（输出故障）
P2101	0	1	变频器 F0023 故障时采用 OFF1 停车

4.9.4.2　定值频率切换

变频器驱动电动机达到额定转速时，变频器内部输出继电器 RL$_3$ 动作，将变频器切换到工频电网直接供电运行。

定值频率切换相关参数见表 4-14。

表 4-14　定值频率相关参数设置表

参数号	出厂值	设置值	说　明
P0003	1	3	用户访问级为专家级
P0004	0	0	参数过滤显示全部参数
P0733	52.3	53.4	实际变频器频率 >门限频率 f_1 时继电器 RL$_3$ 动作
P0748	0	1	数字输出反相（即变频器故障时 RL$_3$ 动作）
P2150	3	0	回线频率 f_hys（Hz）
P2155	30	50	门限频率 f_1
P2156	10	10	门限频率 f_1 的延迟时间（ms）

4.9.4.3　实验步骤

（1）主电路的安装与接线。

（2）外接控制电路的接线。

（3）通过 BOP 操作面板，恢复出厂设置。

（4）通过 BOP 操作面板，设定电动机的额定参数。

（5）设定定值频率切换的相关参数。

（6）实现变频/工频切换的调试、运行。

4.9.4.4　课后练习

有一台三相异步电动机，功率为 1.1kW，额定转速为 1400r/min，额定电流为 2.52A，额定电压为 380V。现用 PLC 控制工频/变频切换。实现安装、接线、PLC 程序编制、参数设置及调试。

4.10　实验十　变频器 I/O 端子与 PLC 的联机控制

4.10.1　实验目的

（1）了解 MM440 变频器数字量输入端口的功能及操作方法。

（2）掌握 MM440 变频器与 S7-300PLC 联机控制的方法。

（3）进一步熟悉 MM440 变频器有关参数的设置方法。

4.10.2　实验内容

（1）MM440 变频器数字量端口与 PLC DO 的连接。

（2）MM440 变频器参数的设置。

（3）PLC 控制程序的编写与调试。

4.10.3　实验设备及元器件

（1）常用电工工具（一套）；（2）万用表；（3）MM440 变频器；（4）熔断器（5A 3 个）；（5）接触器（1 个）；（6）选择开关（3 个）；（7）导线若干。

4.10.4　实验原理

4.10.4.1　电动机的控制要求

按下电动机运行按钮，电动机启动运行在 10Hz 频率所对应的 280r/min 的转速上。延时 10s 后，电动机升速运行在 20Hz 频率所对应的 560r/min 的转速上，再延时 10s 后电动机继续升速运行在 50Hz 频率所对应的 1400r/min 的转速上。再延时 10s 后电动机降速到 30Hz 频率所对应的 840r/min 的转速上。再延时 10s 后电动机正向减速到 0 并反向加速运行在 -10Hz 所对应的 -280r/min 的转速上。再延时 10s 后电动机继续反向加速运行在 -20Hz 频率所对应的 -560r/min 的转速上，再延时 10s 后电动机进一步反向加速运行在 -50Hz 频率所对应的 -1400r/min 的转速上。按下停止按钮，电动机停止运行。

4.10.4.2　MM440 变频器数字输入变量约定

MM440 变频器数字输入"5"、"6"和"7"端口通过 P0701、P0702 和 P0703 参数设为 7 段固定频率控制端，每一频段的频率可分别由 P1001 ~ P1007 参数设置。变频器数字输入"8"端口设为电动机运行、停止控制端，可由 P0704 参数设置。

4.10.4.3　S7-300 数字输入输出变量约定

A　数字输入

I124.1——电动机启动，对应电动机启动按钮 SB_1；

I124.2——电动机停止，对应电动机停止按钮 SB_2.

B　数字输出

Q125.1——固定频率设置，接 MM440 变频器数字输入端口"5"；

Q125.2——固定频率设置，接 MM440 变频器数字输入端口 "6"；

Q125.3——固定频率设置，接 MM440 变频器数字输入端口 "7"；

Q125.4——电动机启动/停止控制，接 MM440 变频器数字输入端口 "8"。

S7-300 和 MM440 联机实现 7 段固定频率控制电路图，如图 4-30 所示。7 段固定频率控制状态表见表 4-15。

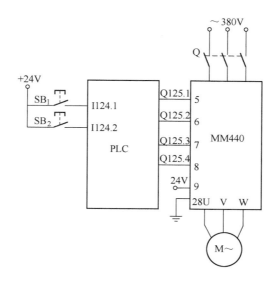

图 4-30   S7-300 和 MM440 联机实现 7 段固定频率控制电路图

表 4-15   7 段固定频率控制状态表

固定频率	7 端口（SB$_3$）	6 端口（SB$_2$）	5 端口（SB$_1$）	对应频率所设置的参数	频率/Hz	电动机转速/r·min^{-1}
1	0	0	1	P1001	10	280
2	0	1	0	P1002	20	560
3	0	1	1	P1003	50	1400
4	1	0	0	P1004	30	840
5	1	0	1	P1005	-10	-280
6	1	1	0	P1006	-20	-560
7	1	1	1	P1007	-50	-1400
OFF	0	0	0	0	0	0

4.10.4.4   PLC 程序设计

按照电动机的控制要求及对 MM440 变频器数字输入接口、S7-300PLC 数字输入/输出接口所做的变量约定，PLC 程序应实现下列控制：

当按下正转启动按钮 SB$_1$ 时，PLC 数字输出端 Q125.4 为逻辑 "1"，MM440 变频器 "8" 接口为 "ON"，允许电动机运行；同时 Q125.1 为逻辑 "1"、Q125.2 为逻辑 "0"、Q125.3 为逻辑 "0"，MM440 变频器 "5" 接口为 "ON"、"6" 接口为 "OFF" "7" 接口

为"OFF",电动机运行在第 1 固定频段。延时 10s 后,PLC 输出端 Q125.1 为逻辑"0"、Q125.2 为逻辑"1"、Q125.3 为逻辑"0",MM440 变频器"5"接口为"OFF"、"6"接口为"ON"、"7"接口为"OFF",电动机运行在第 2 固定频段。再延时 10s 后,PLC 输出端 Q125.1 为逻辑"0"、Q125.2 为逻辑"1"、Q125.3 为逻辑"0",MM440 变频器"5"接口为"ON"、"6"接口为"ON"、"7"接口为"OFF",电动机运行在第 3 固定频段。再延时 10s 后,PLC 输出端 Q125.1 为逻辑"0"、Q125.2 为逻辑"0"、Q125.3 为逻辑"1",MM440 变频器"5"接口为"OFF"、"6"接口为"OFF"、"7"接口为"ON",电动机运行在第 4 固定频段。再延时 10s 后,PLC 输出端 Q125.1 为逻辑"1"、Q125.2 为逻辑"0"、Q125.3 为逻辑"1",MM440 变频器"5"接口为"ON"、"6"接口为"OFF"、"7"接口为"ON",电动机运行在第 5 固定频段。再延时 10s 后,PLC 输出端 Q125.1 为逻辑"0"、Q125.2 为逻辑"1"、Q125.3 为逻辑"1",MM440 变频器"5"接口为"OFF"、"6"接口为"ON"、"7"接口为"ON",电动机运行在第 6 固定频段。再延时 10s 后,PLC 输出端 Q125.1 为逻辑"1"、Q125.2 为逻辑"1"、Q125.3 为逻辑"1",MM440 变频器"5"接口为"ON"、"6"接口为"ON"、"7"接口为"ON",电动机运行在第 7 固定频段。

当按下停止按钮 SB₂ 时,PLC 输出端 Q125.4 为逻辑"0",MM440 变频器数字输入接口"8"为"OFF",电动机停止运行。S7-300 和 MM440 联机实现 7 段固定频率控制梯形图程序,如图 4-31 所示。

OB1:"Main Program Sweep(Cycle)"

Network 4：Title：

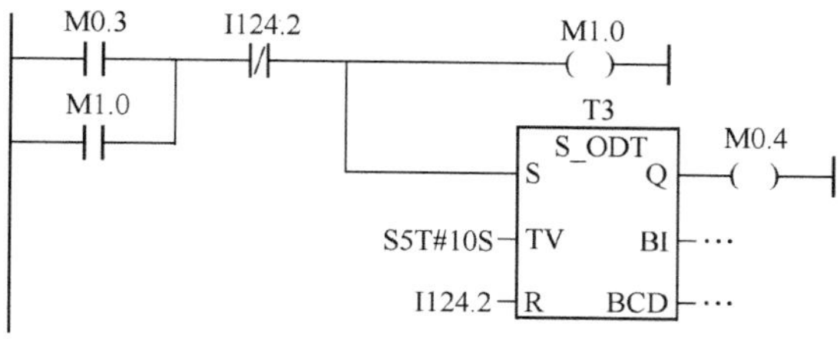

Network 5：Title：

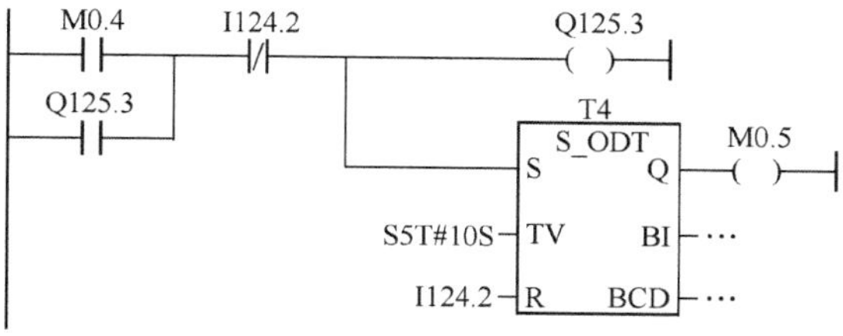

Network 6：Title：

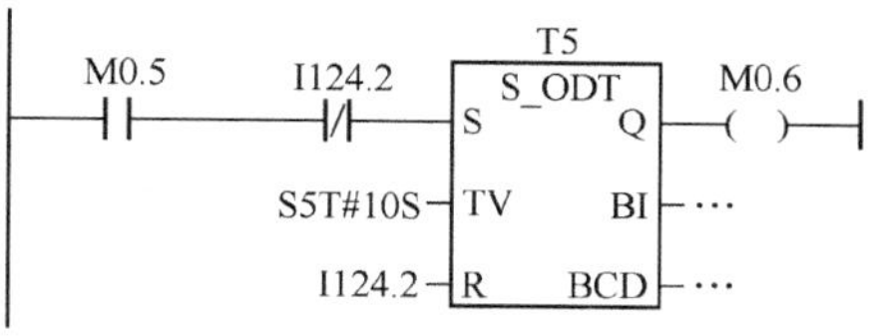

Network 6：Title：

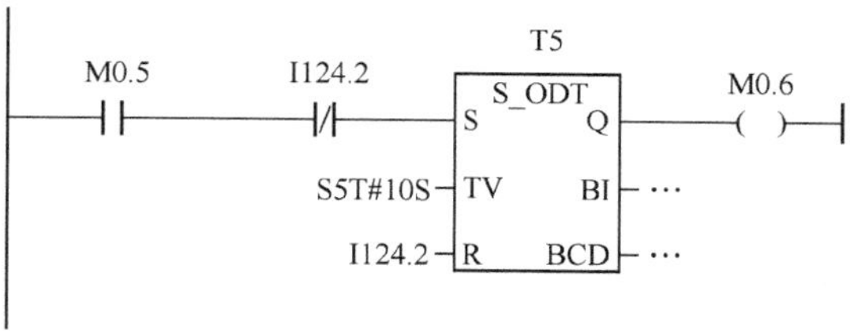

Network 7：Title：

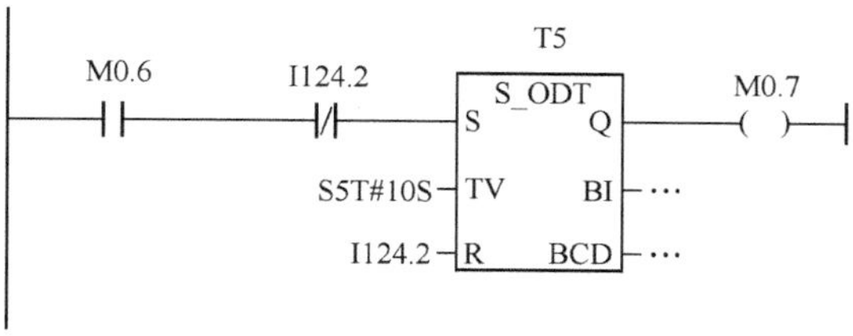

Network 8：Title：

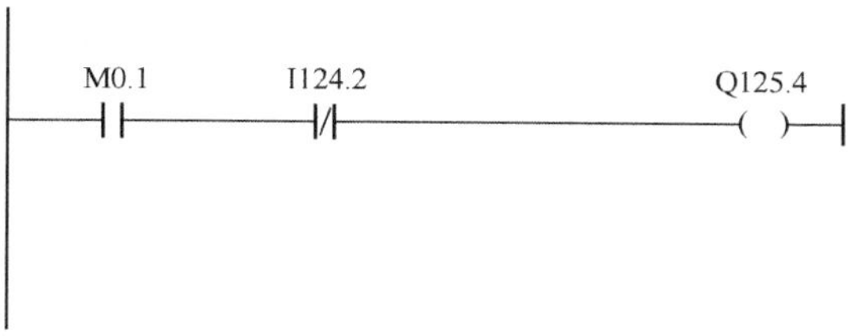

图 4-31　S7-300 和 MM440 联机实现 7 段固定频率控制参考程序

4. 10. 5   实验步骤

（1）按图 4-30 连接电路，检查接线正确后，合上变频器电源空气开关 QF。

（2）恢复变频器工厂缺省设置。按下"P"键，变频器开始复位到工厂缺省值。

（3）设置电动机参数。电动机参数设置完成后，设 P3900 = 1（或 P0010 = 0），变频器当前处于准备状态，可正常运行。

（4）设置 MM440 的 7 段固定频率控制参数。

（5）联机调试、运行。

4. 10. 6   课后练习

通过 S7-300PLC 控制 MM440 变频器的 DIN1、DIN2、AIN1，实现电机的自动正反转控制，要求按照图 4-32 所示的电机运行控制曲线进行编程。

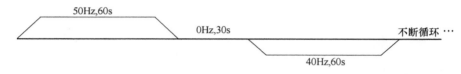

图 4-32   电机运行控制曲线

4. 11   实验十一   变频器与 PLC 的 PROFIBUS-DP 通信控制

4. 11. 1   实验目的

（1）熟悉西门子变频器输入输出的功能设定。

（2）熟悉 MM440 将 PZD 发送到 CB 的原理。

（3）熟悉 MM440 PROFIBUS-DP 通信功能图分析方法。

（4）掌握 MM440 PROFIBUS-DP 通信常规参数选择与设置。

（5）掌握 PLC 与变频器 DP 通信硬件组态。

（6）掌握 PLC 与变频器 DP 通信编程。

4. 11. 2   实验内容

（1）PLC 与变频器 DP 通信硬件组态。

（2）MM440 PROFIBUS-DP 通信常规参数选择与设置。

（3）PLC 控制程序的编写与调试。

4. 11. 3   实验设备及元器件

（1）常用电工工具（一套）；（2）万用表；（3）MM440 变频器；（4）S7-300PLC 及编程软件；（5）PROFIBUS-DP 通信电缆及接口；（6）按钮等。

4. 11. 4   实验原理

4. 11. 4. 1   西门子变频器输入输出的功能设定

西门子变频器输入输出的功能设定如图 4-33 所示。

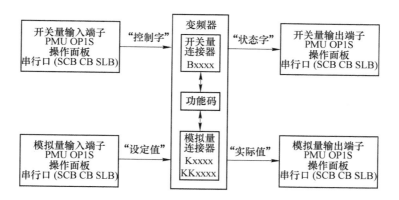

图 4-33 变频器输入输出的功能设定

4.11.4.2 MM440 将 PZD 发送到 CB 的原理

MM440 将 PZD 发送到 CB 的原理图如图 4-34 所示。

P2051〔8〕CI：将 PZD 发送到 CB，将 PZD 与 CB 接通。这一参数允许用户定义状态字和实际值的信号源，用于应答 PZD。

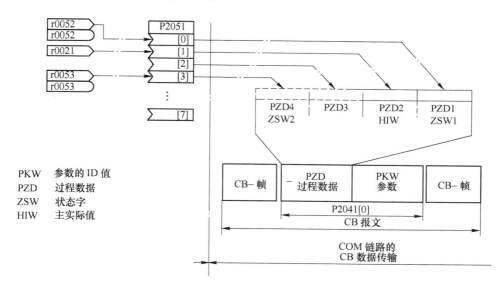

图 4-34 MM440 将 PZD 发送到 CB 的原理图

4.11.4.3 MM440 PROFIBUS-DP 通信功能图分析

MM440 PROFIBUS – DP 通信功能图如图 4-35 和图 4-36 所示。

4.11.4.4 MM440 PROFIBUS-DP 通信常规参数选择与设置

P0003 = 3（专家访问级）；

P700 = 6（控制字）；

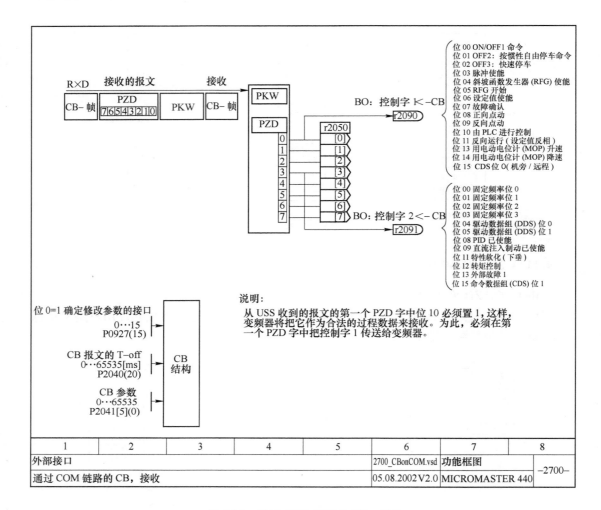

图 4-35　通过 COM 链路的 CB，接收

P1000 = 6（主给定）；

P918 = 3（VVVF 站地址）；

P2051. 0 = r0052（状态字）；

P2051. 1 = r0021（主实际值：Hz）；

P2051. 2 = r0022（转子的实际转速，r/min）。

…

4.11.4.5　PLC 与变频器 DP 通信硬件组态

用 STEEP7 实施的硬件组态如图 4-37 所示。

4.11.4.6　PLC 与变频器 DP 通信编程

根据设备实际组态进行编程演示。

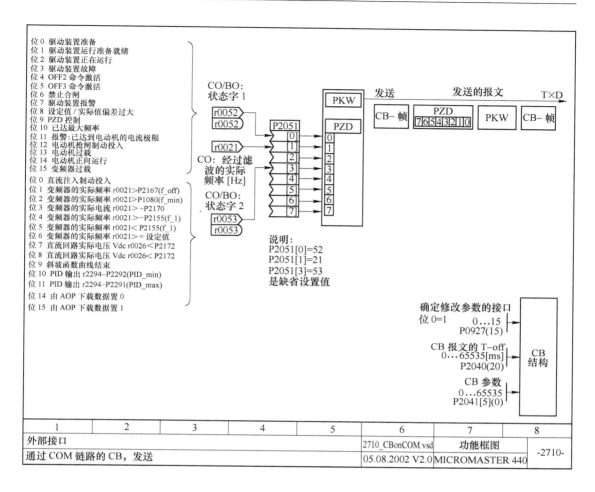

图 4-36 通过 COM 链路的 CB，发送

4.11.5 实验步骤

（1）连接 DP 总线。

（2）查阅变频器手册、选择设置参数。

（3）PLC 与变频器 DP 通信硬件组态。

（4）编写 DP 通信程序及控制程序。

（5）调试、记录试验运行结果。

（6）带电动机调试运行。

（7）记录相关运行数据，绘制电动机运行控制曲线。

4.11.6 课后练习

用 S7-300PLC 通过 DP 总线对 MM 440 变频器进行控制，实现电机的自动正反转控制，要求按照图 4-32 所示的电动机运行控制曲线进行编程。

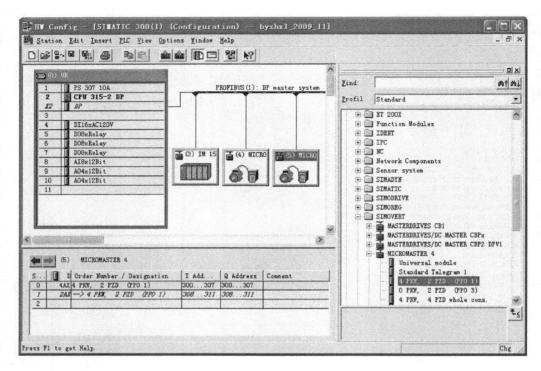

图 4-37 PLC 与变频器 DP 通信硬件组态

4.12 实验十二 MM420、MM440 变频器的闭环 PID 控制

4.12.1 实验目的

（1）掌握面板设定目标值的接线方法及参数设置。
（2）掌握端子设定目标值的接线方法及参数设置。
（3）熟悉 P、I、D 参数调试方法。

4.12.2 实验内容

有一台三相异步电动机，功率为 1.1kW，额定转速为 1400r/min，额定电流为 2.52A，额定电压为 380V。现需用基本操作面板（BOP）和外部端子进行 PID 控制。通过参数设置来改变变频器的 PID 闭环控制。在运行操作中目标值分别设定为：第一次 30%；第二次 50%；第三次 60%。

4.12.3 实验设备及元器件

（1）常用电工工具(一套)；(2)MM440 变频器；（3）适配电动机；（4）常用仪表；（5）空气断路器、交流接触器、按钮等；（6）导线若干；（7）PLC、变频器高级实验装置。

4.12.4 实验原理

PID 控制是闭环控制中的一种常见形式。反馈信号取自拖动系统的输出端，当输出量偏离所要求的给定值时，反馈信号成比例变化。在输入端，给定信号与反馈信号相比较，存在一个偏差值。对该偏差值，经过 P、I、D 调节，变频器通过改变输出频率，迅速、准确地消除拖动系统的偏差，回复到给定值，振荡和误差都比较小。

MM420、MM440 变频器内部有 PID 调节器，利用它们很方便构成 PID 闭环控制，反馈信号可由模拟输入 AIN 输入。给定目标由两种方法给定：一是由操作面板设定目标值；二是由数字量输入端子选择目标值。

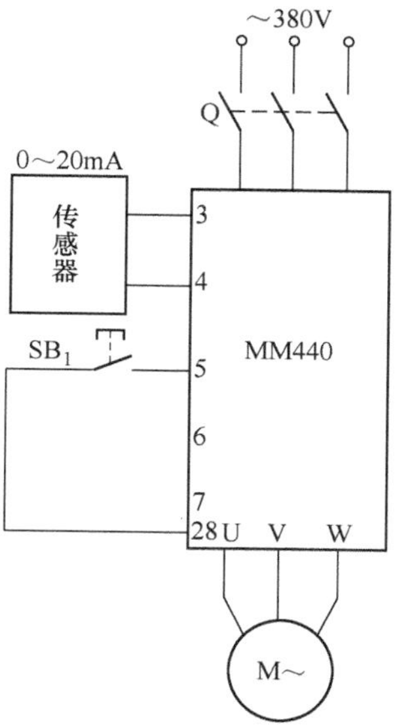

4.12.4.1　面板设定目标值时 PID 控制

A　面板设定目标值时 PID 控制端子接线图

图 4-38 为面板设定目标值时 PID 控制端子接线图，模拟输入端 AIN 接入反馈信号 0～20mA，数字量输入端 DIN1 接入的带锁按钮 SB_1 控制变频器的启/停，给定目标值由 BOP 面板设定。

B　用基本操作面板 BOP 设置参数

图 4-38　面板设定目标值时
PID 控制端子接线图

（1）变频器复位到工厂缺省值。

（2）设置电动机参数。电动机参数设置完成后，设 P0010＝0，变频器当前处于准备状态，可正常运行。

（3）设置控制参数，见表 4-16。

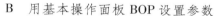
表 4-16　控制参数表

参数号	出厂值	设置值	说　明
P0003	1	2	设用户访问级为扩展级
P0004	0	0	显示全部参数
P0700	2	2	命令源选择"由端子排输入"
P0701①	1	1	端子 DIN1 为 ON 接通正转/OFF 停车
P0725	1	1	端子 DIN 输入高电平有效
P1000	2	1	频率设定由 BOP 设置
P1080①	0	20	电动机运行的最低频率
P1082①	50	50	电动机运行的最高频率
P2200	0	1	PID 控制功能有效

① 该类参数可根据用户的需要改变。

（4）设置目标参数，见表 4-17。

表 4-17　目标参数表

参数号	出厂值	设置值	说　明
P0003	1	3	设用户访问级为专家级
P0004	0	0	显示全部参数
P2253	0	2250	已激活的 PID 设定值

参数号	出厂值	设置值	说　明
P2240①	10	60	由 BOP 面板设定的目标值（%）
P2254①	0	0	无 PID 微调信号源
P2255①	100	100	PID 设定值的增益系数
P2256①	100	0	PID 微调信号增益系数
P2257①	1	1	PID 设定值斜坡上升时间
P2258①	1	1	PID 设定值斜坡下降时间
P2261①	0	0	PID 设定值无滤波

① 该类参数可根据用户的需要改变。

当 P2232 = 0 允许反向时，可以用面板 BOP 键盘设定 P2240 值为负值。

（5）设置反馈参数，见表 4-18。

表 4-18　反馈参数表

参数号	出厂值	设置值	说　明
P0003	1	3	设用户访问级为专家级
P0004	0	0	显示全部参数
P2264	755.0	755.0	PID 反馈信号由模拟输入 1 设定
P2265①	0	0	PID 反馈信号无滤波
P2267①	100	100	PID 反馈信号的上限值（%）
P2268①	0	0	PID 反馈信号的下限值（%）
P2269①	100	100	PID 反馈信号增益（%）
P2270①	0	0	不用 PID 反馈器的数学模型
P2271①	0	0	PID 传感器的反馈形式为正常

① 该类参数可根据用户的需要改变。

（6）设置 PID 参数，见表 4-19。

表 4-19　PID 参数表

参数号	出厂值	设置值	说　明
P0003	1	3	设用户访问级为专家级
P0004	0	0	显示全部参数
P2280①	3	25	PID 比例增益系数
P2285①	0	5	PID 积分时间
P2291①	100	100	PID 输出上限值（%）
P2292①	0	0	PID 输出下限值（%）
P2293①	1	1	PID 限幅的斜坡上升／下降时间（s）

① 该类参数可根据用户的需要改变。

4.12.4.2 控制操作

按下带锁按钮 SB_1 时，变频器数字输入端 DIN1 为 "ON"，变频器启动电动机。当反馈的电流发生改变时，将会引起电动机速度发生变化。

若反馈的电流信号小于目标值 12mA（即 P2240），变频器将驱动电动机升速；电动机速度上升又会引起反馈的电流信号变大。当反馈的电流信号大于目标值 12mA 时，变频器又将驱动电动机降速，从而又使反馈的电流信号变小；当反馈的电流信号小于目标值 12mA 时，变频器又将驱动电动机升速。如此反复，能使变频器达到一种动态平衡状态，变频器将驱动电动机以一个动态稳定的速度运行。

如果需要，则目标设定值（即 P2240 值）可直接通过操作面板 BOP 上的加/减键来改变。当设置 P2231 = 1 时，由加/减键改变的目标值将保存在内存中。

放开带锁按钮 SB_1，数字输入端 DIN1 为 "OFF"，电动机停止运行。

4.12.4.3 端子选择多个目标值 PID 控制

A　端子选择 7 个目标值的 PID 控制端子接线图

端子选择 7 个目标值。MM20、MM440 变频器均可由数字输入端口 DIN1 ~ DIN3 通过 P0701 ~ P0703 设置实现多个目标值选择控制。每一目标值分别由 P2201 ~ P2207 参数设置，可实现 7 个目标值。这种方法适用于远距离控制，具有给定频率精度高、抗干扰能力强、不易损坏的特点。

端子选择目标值也有三种方式，直接选择目标值、直接选择目标值加 ON 命令、二进制编码选择目标值加 ON 命令。

图 4-39 为端子选择 7 个目标值的 PID 控制端子接线图，数字输入端口 DIN1 ~ DIN3 组合选择 7 个目标值，采用二进制编码选择目标值加 ON 命令方式。如表 4-20 所示，则此时 DIN1 ~ DIN3 都具有起/停变频器功能。模拟输入 AIN1 接入反馈信号 0 ~ 20mA。

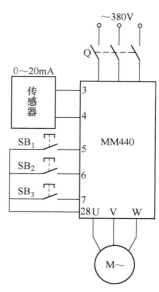

图 4-39　端子选择 7 个目标值的 PID 控制端子接线图

表 4-20　7 个固定目标值控制状态表

固定目标值	7 端口（SB_3）	6 端口（SB_2）	5 端口（SB_1）	对应目标值所设置参数	设定的目标值/%	对应的目标值/mA
1	0	0	1	P2201	10	2
2	0	1	0	P2202	20	4
3	0	1	1	P2203	30	6
4	1	0	0	P2204	40	8
5	1	0	1	P2205	50	10
6	1	1	0	P2206	60	12
7	1	1	1	P2207	70	14
OFF	0	0	0	0	0	0

B 用基本操作面板 BOP 设置参数

（1）变频器复位到工厂缺省值。

（2）设置电动机参数。电动机参数设置完成后，设 P0010 = 0，变频器当前处于准备状态，可正常运行。

（3）设置控制参数，见表 4-21。

表 4-21 控制参数表

参数号	出厂值	设置值	说 明
P0003	1	3	设用户访问级为专家级
P0004	0	0	显示全部参数
P0700	2	2	命令源选择"由端子排输入"
P0701①	1	17	二进制编码选择目标值 + ON 命令
P0702①	12	17	二进制编码选择目标值 + ON 命令
P0703①	9	17	二进制编码选择目标值 + ON 命令
P0704①	0	0	端子 DIN4 禁用
P0725	1	1	端子 DIN 输入为高电平有效
P1000	2	3	选择固定频率设定值
P1080①	0	20	电动机运行的最低频率（Hz）
P1082①	50	50	电动机运行的最高频率（Hz）
P2200	0	1	PID 控制功能有效
P2216①	1	3	PID 固定目标值方式——位 0 按二进制选择目标值 + ON 命令
P2217①	1	3	PID 固定目标值方式——位 1 按二进制选择目标值 + ON 命令
P2218①	1	3	PID 固定目标值方式——位 2 按二进制选择目标值 + ON 命令

① 该类参数可根据用户的需要改变。

（4）设置目标参数，见表 4-22。

表 4-22 目标参数表

参数号	出厂值	设置值	说 明
P0003	1	3	设用户访问级为专家级
P0004	0	0	显示全部参数
P2253	0	2224	PID 设定值为固定的 PID 设定值
P2201①	0	10	PID 固定目标设定值 1 < PID_FF$_1$ >（%）
P2202①	10	20	PID 固定目标设定值 2 < PID_FF$_2$ >（%）
P2203①	20	30	PID 固定目标设定值 3 < PID_FF$_3$ >（%）
P2204①	30	40	PID 固定目标设定值 4 < PID_FF$_4$ >（%）
P2205①	40	50	PID 固定目标设定值 5 < PID_FF$_5$ >（%）
P2206①	50	60	PID 固定目标设定值 6 < PID_FF$_6$ >（%）
P2207①	60	70	PID 固定目标设定值 7 < PID_FF$_7$ >（%）
P2254①	0	0	无 PID 微调信号源

参数号	出厂值	设置值	说　明
P2255[①]	100	100	PID 设定值的增益系数
P2256[①]	100	0	PID 微调信号增益系数
P2257[①]	1	1	PID 设定值斜坡上升时间
P2258[①]	1	1	PID 设定值斜坡下降时间
P2261[①]	0	0	PID 设定值无滤波

① 该类参数可根据用户的需要改变。

（5）设置反馈参数，与"面板设定目标值的 PID 控制"相同。

（6）设置 PID 参数，与"面板设定目标值的 PID 控制"相同。

C　操作控制

按下带锁按钮 SB$_1$、SB$_2$ 或 SB$_3$ 时，变频器数字输入 DIN1、DIN2 或 DIN3 为"ON"，按二进制编码选择了对应的目标值，同时变频器启动电动机。当反馈的电流信号发生改变，将会引起电动机速度发生变化。

若反馈的电流信号小于目标值，变频器将驱动电动机升速；电动机速度上升又会引起反馈的电流信号变大。当反馈的电流信号大于目标值时，变频器又将驱动电动机降速，从而又使反馈的电流信号变小；当反馈的电流信号小于目标值时，变频器又将驱动电动机升速。如此反复，能使变频器达到一种动态平衡状态，变频器将驱动电动机以一个动态稳定的速度运行。

带锁按钮 SB$_1$、SB$_2$ 或 SB$_3$ 全部放开时，变频器数字输入 DIN1、DIN2 或 DIN3 为"OFF"，电动机停止运行。

4.12.5　实验步骤

（1）按图连接电路，检查接线正确后，合上变频器电源空气开关 Q。

（2）恢复变频器工厂缺省值。

（3）设置电动机参数。电动机参数设置完成后，设 P0010 = 0，变频器当前处于准备状态，可正常运行。

（4）设置控制参数、目标参数、反馈参数、PID 参数。

（5）按下带锁按钮 SB$_1$ 时，变频器数字输入 DIN1 为"ON"，变频器启动电动机。当变频器反馈信号发生变化时，将引起电动机速度发生变化。

（6）松开按钮 SB$_1$，变频器数字输入 DIN1 为"OFF"，电动机停止运行。

（7）记录并分析运行结果。

4.12.6　课后练习

有一台三相异步电动机，功率为 1.1kW，额定转速为 1400r/min，额定电流为 2.52A，额定电压为 380V。现需用基本操作面板（BOP）和外部端子进行 PID 控制。通过参数设置来改变变频器的 PID 闭环控制。在运行操作中目标值分别设定为 50%；反馈信号由模拟输入设定；PID 的比例增益系数为 15，PID 的积分时间为 8s。

4.13　实验十三　基于 PLC 通信方式的变频器闭环定位控制

4.13.1　实验目的

（1）进一步巩固"变频器安装、调试与维护"课程及前期相关课程"电力电子技术"、"交流调速系统"的基础理论知识。

（2）掌握 MM420、MM440 变频器 DI/DO、AI/AO 端子的接线方法。

（3）掌握 PLC 与变频器的硬件组态及通讯设置。

（4）理解 PLC 的程序功能。

（5）实现基于 PLC 通信方式的变频器闭环定位控制。

4.13.2　实验内容

有一台三相异步电动机，功率为 1.1kW，额定转速为 1400r/min，额定电流为 2.52A，额定电压为 380V。现用 PLC 通信方式实现变频器闭环定位控制。

4.13.3　实验设备及元器件

（1）常用电工工具（一套）；（2）MM440 变频器；（3）适配电动机；（4）旋转编码器；（5）常用仪表；（6）完成工频/变频切换控制的常用继电器；（7）导线若干；（8）PLC、变频器高级实验装置。

4.13.4　实验原理

4.13.4.1　控制要求

电动机上同轴连旋转编码器，变频器控制电动机。变频器按照设定值工作，带动电动机运行，同时电机带动编码盘旋转，电机每转一圈，从编码盘脉冲端输出 500 个脉冲信号到 PLC 的高速计数端 I0.0，这样就可以根据计数器所计脉冲数计算出电机转数。当计数器计数到设定阀值后执行减速程序段，控制电机减速至停止，完成定位控制。

4.13.4.2　系统接线原理图

本次实验系统接线原理图如图 4-40 所示。

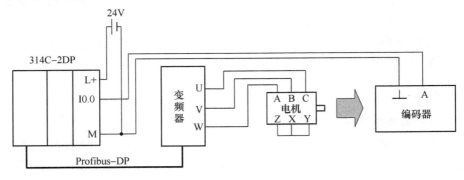

图 4-40　系统接线原理图

4.13.4.3 电机转速曲线

本次实验要求电机转速变化曲线如图 4-41 所示。

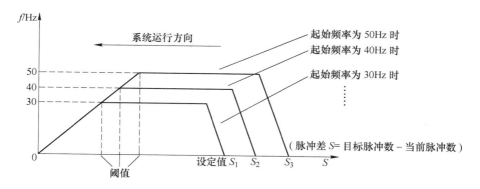

图 4-41 电机转速变化曲线

4.13.4.4 PLC 与变频器 DP 通信硬件组态

新建工程和 PROFIBUS 网络，设置 CPU314C-2DP 的站地址为 2；选中"MI-CROMASTER 4"，设置 MM440 站地址为 3，选择通信报文的机构为"PPO3"。

4.13.4.5 PLC 与变频器 DP 通信编程

PLC 通信方式的变频器闭环定位控制参考程序如图 4-42 所示。

4.13.5 实验步骤

（1）按图 4-40 连接电路，检查接线是否正确。
（2）通过 BOP 操作面板，恢复出厂设置。
（3）通过 BOP 操作面板，设定电动机的额定参数。
（4）通过 BOP 操作面板，设定变频器控制参数。
（5）PLC 与变频器 DP 通信硬件组态。
（6）编写程序。
（7）点击监视按钮进入监视界面，置 M0.0 为 1，启动电机转动，观察电机转动圈数。

4.13.6 课后练习

有一台三相异步电动机，功率为 1.5kW，额定转速为 1400r/min，额定电流为 3.5A，额定电压为 380V。现用 PLC 通信方式实现变频器闭环定位控制。

Network 1：Title：

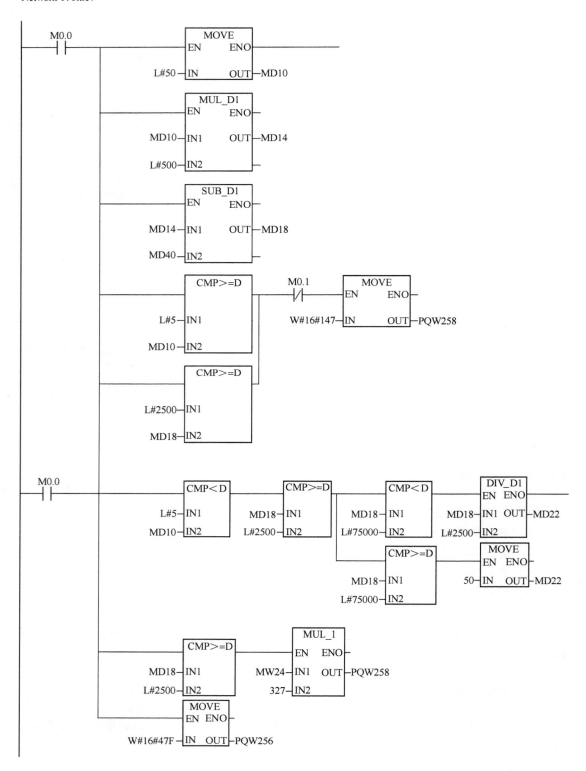

Network2：Title：

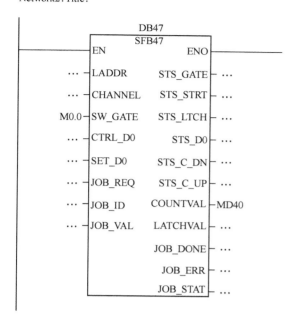

Network3：Title：

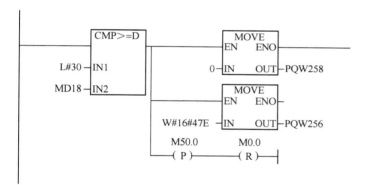

图 4-42　参考程序

5 实训指导

5.1 实训项目一 卷扬机变频控制系统

5.1.1 实训目的

（1）掌握卷扬机控制系统的基本原理和实际应用。

（2）掌握卷扬机控制系统中变频器的参数设置及其控制方法。

（3）掌握卷扬机控制系统中 PLC 和变频器结合使用的方法。

（4）实现系统的模拟安装与运行调试。

5.1.2 实训任务及功能要求

（1）电路设计：根据任务，列出 PLC 控制 I/O 元件地址分配表，根据控制要求，设计梯形图及绘制 PLC、变频器接线图。并设计出必要的电气安全保护措施。

（2）根据控制要求，对所需元器件进行选择，并进行模拟安装。

（3）安装与接线要紧固、美观，耗材要少。

（4）实现系统的模拟运行与调试。

5.1.3 实训设备及元器件

（1）常用电工工具（一套），电动工具及辅助测量用具等。

（2）常用仪表。MF－500B 型万用表、数字万用表 DT9202、5050 型绝缘电阻表、频率计、测速表等。

（3）器材。西门子 MM440 变频器、电动机 37kW、西门子 S7-300 型 PLC 和编程软件。

（4）按钮、行程开关、交流接触器及导线若干。

（5）PLC、变频器高级实验装置。

5.1.4 实训相关知识

5.1.4.1 料车卷扬机上料工艺简介

在冶金高炉炼铁生产线上，一般把准备好的炉料从地面的储料槽运送到炉顶的生产机械称为高炉上料设备。料车的机械传动系统如图 5-1 所示。

料车卷扬机系统由一台卷扬机拖动两台料车，料车位于轨道斜面上，互为上行、下行。在工作过程中，两个料车交替上料，当装满炉料的左料车上升时，空的右料车下行。左料车上升到炉顶时，卷扬机停止运转，延时后卷扬机反转，右料车装满炉料上行，左料车空车下行。

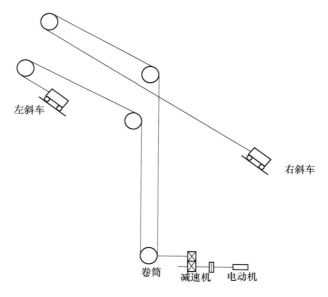

图 5-1　料车机械传动系统图

5.1.4.2　变频调速系统设计

A　工作原理

高炉卷扬机上料调速系统采用 PLC 和变频器对电动机进行控制。信号输入 PLC 后，PLC 结合生产需求发出上行和下行指令给变频器，对卷扬机进行调速运行控制。系统工作时，各种原料经过槽下配料放入料仓，料车到炉底料坑处后，料仓把料放入料车，料车启动，经过加速→匀速→减速 1→减速 2，到达炉顶。根据料车的运行速度，变频器的频率曲线如图 5-2 所示。

B　变频器系统主要设备的选择

（1）交流电动机。选用冶金专用的变频调速异步电动机。

（2）变频器。采用西门子 MM440 系列变频器，该变频器采用高性能的矢量控制技术。

（3）PLC 的选择。选用西门子 S7-300。

图 5-2　卷扬机变频器频率曲线

（4）料车运行保护。所有使用卷扬机上料的厂家，最担心的就是料车失控，为了避免事故发生，采取松绳检测保护。有松绳现象出现时，松绳开关会立即给 PLC 发出信号，PLC 收到松绳信号以后，立即发出停车命令，并同时给抱闸系统发出命令，立即关闭抱闸装置，以防料车下滑。

5.1.4.3　控制要求

（1）按下合闸按钮，变频器电源接触器 KM 闭合，变频器通电；按下分闸按钮，变频器电源接触器 KM 断开，变频器断电。

（2）操作工发出左料车上行指令，开启抱闸。

（3）主令控制器 S_1 闭合至 PLC，变频器由 0Hz 开始提速，提速至固定频率 50Hz 电动机全速运行。

（4）随着料车运行，主令控制器 S_2 闭合至 PLC，由 PLC 发出中速指令，变频器的固定频率该为 20Hz，电动机以中速运行。

（5）当主令控制器的 S_3 闭合时，由 PLC 发出低速指令，变频器的固定频率改为 6Hz，电动机以低速运行。

（6）当左料车触到左车限位开关时，说明料车已经达到终点，变频器封锁输出，同时关闭机械抱闸，左料车送料完毕。

（7）延时 5s 后，开启抱闸，电动机反转。右料车上行，主令控制器 S_4、S_5、S_6 分别顺序闭合，右料车依次以高速、中速、低速运行到右限位开关，关闭机械抱闸，右料车送料完毕。

（8）5s 后，左料车上行重复上述过程。

（9）按下停止按钮，运料小车停止运行。

（10）为保证系统安全，系统要有急停保护、松绳保护、变频器故障保护。

5.1.4.4　操作步骤

A　PLC、变频器设计和系统控制接线

（1）PLC 的 I/O 接口分配表。PLC 的 I/O 接口分配见表 5-1。

表 5-1　PLC 的 I/O 接口分配表

输　入			输　出		
输入地址	元　件	作　用	输入地址	元　件	作　用
I0.0	SB_1	主接触器合闸按钮	Q0.0	KA_1	合闸继电器
I0.1	SB_2	主接触器分闸按钮	Q0.1	5 端	左料车上行
I0.2	SB_3	左料车上行按钮	Q0.2	6 端	右料车上行
I0.3	SB_4	右料车上行按钮	Q0.3	7 端	高速运行
I0.4	SB_5	停车按钮	Q0.4	8 端	中速运行
I0.5	S_1	左料车高速上行	Q0.5	16 端	低速运行
I0.6	S_2	左料车中速上行	Q0.6	HB	工作电源指示
I0.7	S_3	左料车低速上行	Q0.7	HR	故障灯指示
I1.0	S_4	右料车高速上行	Q1.0	BL	故障报警
I1.1	S_5	右料车中速上行	Q1.1	KA_2	抱闸继电器
I1.2	S_6	右料车低速上行			
I1.3	SQ_1	左料车限位开关			
I1.4	SQ_2	右料车限位开关			
I1.5	SE	急停			
I1.6	S_7	松绳保护开关			
I1.7	19、20 端	变频器故障保护			

（2）高炉卷扬机上料系统 PLC 参考程序。高炉卷扬机上料系统 PLC 参考程序如图 5-3 所示。

Network 1：Title：

```
   I0.0        I0.1      I1.5      I1.6      I1.7              Q0.0
 ┤├──┬──────┤/├──────┤/├──────┤/├──────┤/├──────┬──( )─┤
   Q0.0 │                                              │
 ┤├─────┘                                              │    Q0.6
                                                       └──( )─┤
```

Network 2：Title：

```
   I0.2        I0.4      I1.3      Q0.0      Q1.1              Q0.1
 ┤├──┬──────┤/├──────┤/├──────┤├──────┤/├──────────( )─┤
   M0.2 │
 ┤├────┤
   Q0.1 │
 ┤├─────┘
```

Network 3：Title：

```
   I0.3        I0.4      I1.4      Q0.0      Q1.1              Q0.2
 ┤├──┬──────┤/├──────┤/├──────┤├──────┤/├──────────( )─┤
   M0.1 │
 ┤├────┤
   Q0.2 │
 ┤├─────┘
```

Network 4：Title：

```
                     T1
   I1.3            S_ODTS               M0.1
 ┤├──────────────S      Q────────────( )─┤
   S5T#5S─────────TV    BI─── …
   I1.4───────────R    BCD─── …
```

Network 5：Title：

```
                     T2
   I1.4            S_ODTS               M0.2
 ┤├──────────────S      Q────────────( )─┤
   S5T#5S─────────TV    BI─── …
   I1.3───────────R    BCD─── …
```

Network 6：Title：

```
   I0.5      Q0.1      Q0.4      Q0.5      Q0.3
 ┤├──────┤├──┬────┤/├──────┤/├──────────( )─┤
   I1.0      Q0.2 │
 ┤├──────┤├───────┘
```

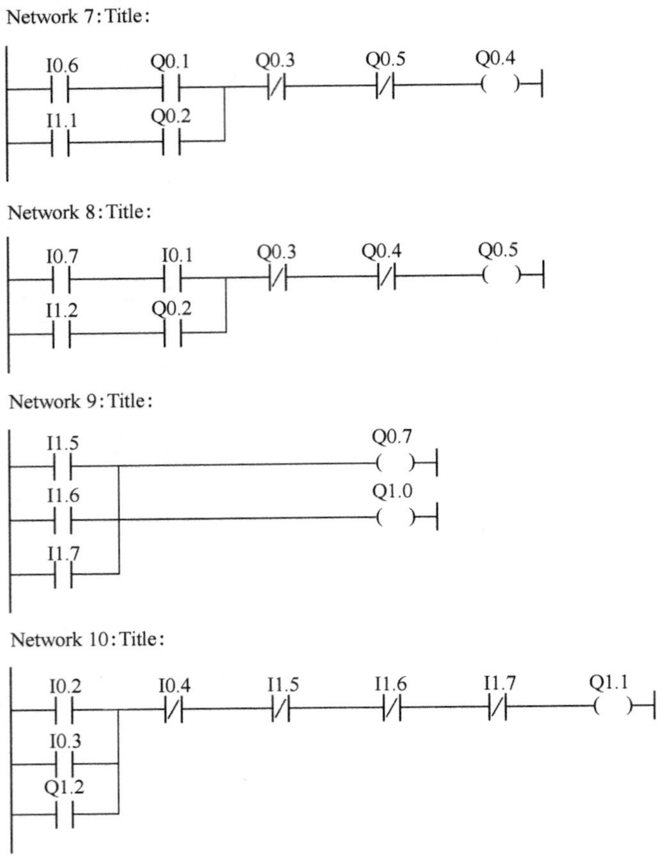

Network 7：Title：

```
   I0.6    Q0.1    Q0.3    Q0.5    Q0.4
───┤ ├──┬──┤ ├───┬──┤/├────┤/├────( )───
   I1.1 │  Q0.2   │
───┤ ├──┘  ┤ ├────┘
```

Network 8：Title：

```
   I0.7    I0.1    Q0.3    Q0.4    Q0.5
───┤ ├──┬──┤ ├───┬──┤/├────┤/├────( )───
   I1.2 │  Q0.2   │
───┤ ├──┘  ┤ ├────┘
```

Network 9：Title：

```
   I1.5              Q0.7
───┤ ├────────┬──────( )───
   I1.6       │      Q1.0
───┤ ├────────┴──────( )───
   I1.7
───┤ ├─────┘
```

Network 10：Title：

```
   I0.2    I0.4    I1.5    I1.6    I1.7    Q1.1
───┤ ├──┬──┤/├────┤/├────┤/├────┤/├──────( )───
   I0.3 │
───┤ ├──┤
   Q1.2 │
───┤ ├──┘
```

图 5-3　高炉卷扬机上料系统 PLC 参考程序

（3）高炉卷扬上料系统 MM440 变频器参数设置。MM440 参数设置见表 5-2。

表 5-2　MM440 参数设置表

参 数 号	设 定 值	说　　　明
P0003	3	用户访问所有参数
P0100	0	功率以 kW 为单位，频率为 50Hz
P0300	1	电动机类型选择（异步电动机）
P0304	380	电动机额定电压（V）
P0305	78.2	电动机额定电流（V）
P0307	37	电动机额定功率（kW）
P0309	91	电动机额定效率（%）
P0310	50	电动机额定频率（Hz）
P0311	740	电动机额定转速（r/min）
P0700	2	命令源选择"由端子排输入"
P0701	1	DIN1 选择正转，ON 正转，OFF 停止
P0702	2	DIN2 选择反转，ON 反转，OFF 停止

参 数 号	设 定 值	说 明
P0703	16	DIN3 选择高速
P0704	16	DIN4 选择中速固定频率 f_2（Hz）
P0705	16	DIN5 选择低速固定频率 f_3（Hz）
P0731	52.3	数字输出 1 的功能为变频器故障
P1000	3	选择固定频率设定值
P1001	50	设置固定频率 f_1（Hz）
P1002	20	设置固定频率 f_2（Hz）
P1003	6	设置固定频率 f_3（Hz）
P1080	0	电动机运行的最低频率（Hz）
P1082	50	电动机运行的最高频率（Hz）
P1120	3	加速时间（s）
P1121	3	减速时间（s）
P1130	1	加速起始段圆弧时间（s）
P1910	1	自动检测电动机参数
P1300	20	无测速机的矢量控制方式

（4）高炉卷扬上料系统原理图。高炉卷扬上料系统原理图如图 5-4 所示。

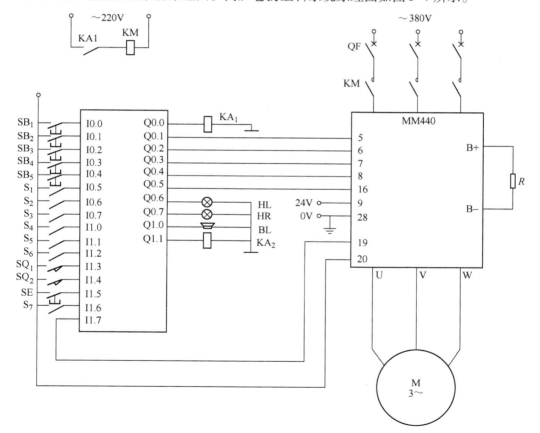

图 5-4 高炉卷扬机上料系统原理图

B 系统的安装接线及运行调试

（1）首先将主、空回路按图进行连线，并与实际操作中情况相结合。

（2）经检查无误后方可通电。

（3）在通电后不要急于运行，首先检查各电气设备的连接是否正常，然后进行单一设备的逐个调试。

（4）按照系统要求进行 PLC 程序的编写并传入 PLC 内，并进行模拟运行调试，观察输入和输出点是否和要求一致。

（5）按照系统要求进行变频器参数的设置。

（6）对整个系统统一调试，包括安全和运行情况的稳定性。

（7）在系统正常情况下，按下合闸按钮，就开始按照控制要求进行调试。根据程序由变频器控制高炉卷扬上料系统电动机的转速，以达到多段速的控制，从而实现卷扬机的变频调试自动控制。

（8）按下停止按钮 SB_5，电动机停止运行。按下分闸按钮，变频器电源断开。

5.1.5　课后训练

A 生产工艺与控制要求

电镀小型专用行车，如图 5-5 所示，其运动形式有两种，即大车拖动的行车前后运动和提升机构的重物升降运动。每种运动都有限位保护。根据镀件工艺的要求，对分装不同镀液的 8 个镀槽，需要进行程序预选，即某些镀槽需跳过不用。如 A 类镀件须经过的镀槽号为 1—3—4—6—8，B 类镀件须经过的镀槽号为 2—4—5—7—8 等。另外镀件在各镀槽浸泡时间也不同。其具体控制要求如下：

（1）根据以上生产工艺要求，本装置需要三种控制方式：手动操作、单周期操作和连续操作。这三种方式可用操作台的选择开关来转换。

（2）对于手动操作，需设前/后、上/下四个按钮；对于自动操作需设启动、停止、复位按钮；对于跳槽预选需设 8 个控制开关（即预先闭合相应的开关后，行车便能跳过该槽继续前进）。

（3）考虑生产安全，镀件只有在上限时才能前后运动；考虑停槽位置准确，需对行车进行前进制动。

（4）系统采用主从控制方式，主站 PLC 在控制室，从站 ET200M 及变频器在车间现

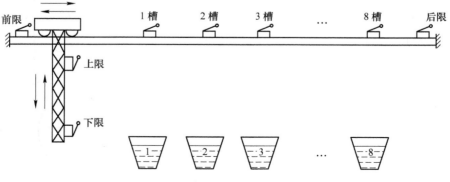

图 5-5　电镀专用行车生产工艺示意图

场，变频器可选择 MM440，一台控制行走电机、一台控制提升电机。

  B 实训要求

（1）根据系统工艺及控制要求，绘制控制系统网络结构图。

（2）进行硬件选型，包括 PLC 模块、变频器及外围 I/O 设备选型。

（3）列出 I/O 分配表。

（4）列出变频器参数表。

（5）绘制 PLC 程序设计流程图。

（6）完成 PLC 程序设计，并上机调试，通过验证后，写出具体的源程序（附抓屏图）。

（7）提交实训报告。

5.2 实训项目二 MM420 变频器在制糖业分离机上的应用

5.2.1 实训目的

（1）进一步巩固"通用变频器及其应用"课程及前期相关课程"电力电子技术"、"交流调速系统"的基础理论知识。

（2）学会参看"MM420 使用大全"，掌握 MM420 变频器的原理、构成及功能。

（3）掌握 MM420 变频器 DI/DO、AI/AO 端子的接线方法。

（4）了解制糖分离机的工序、负载特性及对电气的要求。

（5）理解能量回馈制动原理、回馈制动装置接入。

（6）掌握多段速度控制在制糖分离机上的控制及参数设定。

5.2.2 实训任务及功能要求

（1）熟练掌握 MM420 变频器的参数设置。

（2）理解分蜜机的工序过程。

（3）掌握系统的接线。

（4）掌握系统的调试及运行。

（5）编写实训报告。

5.2.3 实训设备及元器件

（1）常用电工工具（一套），电动工具及辅助测量用具等。

（2）常用仪表。MF-500B 型万用表、数字万用表 DT9202、5050 型绝缘电阻表、频率计、测速表等。

（3）MM420 变频器。

（4）安川公司的能量回馈装置 VS-656RC5。

（5）三相异步电动机。

（6）分蜜机。

（7）PLC、变频器高级实验装置。

5.2.4 实训相关知识

5.2.4.1 概述

众所周知，白砂糖是我国民用食糖的主要糖料，因人口众多，年消耗量很大。它的原料来自甘蔗或甜菜，其工艺过程为预处理（破碎）→压榨→清净→蒸发→煮糖→助晶→分蜜→白糖→装包等主要工序，而分离机是制糖工艺中的主要关键设备之一。分离机直接影响砂糖结晶的颗粒度、质量、产量、能耗等指标，过去都采用多极交流电动机进行调整，而且是手动控制方式为主。因这种调速是有级的，在速度转换时有较大的冲击，对电网的电压影响大，机械设备也受冲击力，而且实际人工的操作，工作量大、及时性差，已逐步被淘汰。而替代它的将是采用变频器实现交流无级调速的传动方案。

5.2.4.2 制糖分离机的工序分析

分离机工艺如图 5-6 所示，有加料、排蜜、高速分离、制动、刮料等过程，不同过程所要求的分离速度是不一样的，用变频器的多段速度控制可实现其要求。

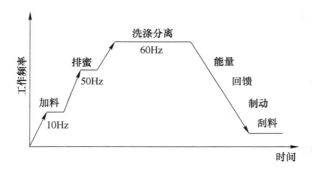

图 5-6 制糖分离机工艺

A 分离机的电气传动特点

（1）分离机的电动机的功率较大，为 100 ~ 200kW。

（2）转动惯量即 GD^2 较大，加速时间较短。

（3）调速范围宽，速比 $i = 1：20$。

（4）工作周期较短，为 4 ~ 6min。

（5）制动时间较短，由高速直下到低速。

（6）是反复短时周期性连续工作方式。

（7）工作环境湿热，环境温度达 40 ~ 500℃。

（8）由于在 60Hz 或 3Hz 工作时都要有较大转矩，故必须选用具有矢量控制的变频器才能适应工作的要求。

B 负载特性的类别分析

（1）加料、排蜜属流体 2 次方转矩负载特性，工作频率为 0 ~ 50Hz。

（2）洗涤分离属恒功率负载特性，工作频率为 60Hz。

（3）刮料类似切削，属恒功率负载特性，工作频率小于等于 3Hz。

（4）由于洗涤分离到刮料速比 $i = 1 : 20$，电动机功率又大，降速时间又短，设备的转动惯量 GD^2 也大，因此必须以能量回馈制动方式才能满足系统的制动要求，而且要求经济、制动性也好。

（5）由于糖浆原料、黏度的大小、温度的高低、结晶颗粒等不同，所以加速时间、稳速时间、减速时间、周期的长短是有所变动的，这由工艺技术人员实验后给定有关相应参数值。这种分离机还可在制药厂葡萄糖粉成形加工过程或其他行业中应用。

5.2.4.3 能量回馈制动装置

由于分蜜机的电动机功率大，设备的转动惯量 GD^2 也大，降速时间又较短，在停止时会产生发电制动过程，如何处理这些制动能量，有如下两种方法：

一种是电阻能耗制动，电阻能耗制动主要是制动单元和制动电阻两部分。即通过内置或外加制动的方法将电能消耗在大功率电阻中，该方法虽然简单，但有如下严重缺点：

（1）浪费能量，降低了系统的效率。

（2）电阻发热严重，影响系统的其他部分正常工作。

（3）简单的能耗制动有时不能及时抑制快速制动产生的泵升电压，限制带动性能的提高。

另一种是采用能量回馈制动装置，近年来，不少变频器生产厂都推出了把直流电路中过高的泵升电压反馈给电源的新品种或附件，其基本方式有两种：

（1）电源反馈元件。其接法如图 5-7 所示。

图 5-7 中，接线端 P 和 N 分别是直流母线的"＋"极和"－"极。当直流电压超过限值时，电源反馈元件将把直流电压逆变成三相交流电反馈回电源去。这样，就把直流母线上过多的再生电能又送回给电源。

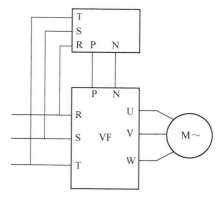

图 5-7 电源反馈元件

（2）具有电源反馈功能的变频器。把反馈控制板装在变频器内部，其"整流"部分的电路，用于将过高的直流电压逆变成三相交变电压反馈给电源。这种方式不但可以进一步节约电能，并且还具有抑制谐波电流的功效。

能量回馈制动装置适用在电动机功率较大（如大于或等于100kW）、设备的转动惯量 GD^2 减少制动过程的能量损耗，将减速能量回收反馈到电网去，达到节能功效，一般节电率可达20%～40%。能量回馈制动装置已有非常成熟的产品，如安川公司的 VS-656RC5、富士公司的 RHR 等系列。

5.2.4.4 分蜜变频调速控制图

如图 5-8 所示，用 3 个开关 S_1、S_2、S_3 按二进制编码选择频率 + ON 命令可获得 4 级速度，其 4 级速度见表 5-3，能量回馈装置单元把泵升电压回馈到电网。

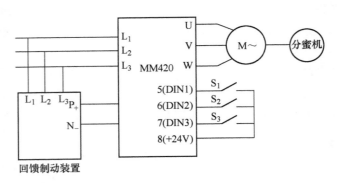

图 5-8　分蜜机变频调速控制图

表 5-3　4 级速度表

多段速度	S_3	S_2	S_1	频率/Hz
OFF	0	0	0	0
1	0	0	1	10
2	0	1	0	50
3	0	1	1	60
4	1	0	0	3

5.2.4.5　参数设置

P003 = 3（专家级）；

P0700 = 2（端子输入）；

P0701 = 17（DIN1 按二进制编码选择频率 + ON 命令）；

P0702 = 17（DIN2 按二进制编码选择频率 ON 命令）；

P0703 = 17（DIN3 按二进制编码选择频率 + ON 命令）；

P1000 = 3（固定频率设定值）；

P1001 = 10（第一段速度）；

P1002 = 50（第一段速度）；

P1003 = 60（第三段速度）；

P1004 = 3（第四段速度）；

P1016 = 3（DIN1 按 0 位）；

P1017 = 3（DIN2 按 1 位）；

P1018 = 3（DIN3 按 2 位）。

从上述分析可知，制糖厂内的分离机使用变频进行交流调速控制后，既能充分满足工序过程对速度的要求，又能节约电量达 20% ~ 40%，也可推广在试药及其他行业中的混合机、搅拌机、甩干机、脱水机，以及配料混合、结晶离心、塑料的染色、清洗机等处应用。

5.2.5 课后训练

A 生产工艺与控制要求

工艺流程如图 5-9 所示，当运料小车传动装置准备就绪时，按下启动按扭，首先要使运料小车返回初始位 A 位。当运料小车已经到达 A 位时，打开进料电磁阀，物料通过料斗向运料车上料，2s 后，关闭进料电磁阀，同时启动运料车，运料车从位置 A 向位置 B 点运行（运料车通过变频器所带的电动机进行拖动），当其运行到位置 C 时，启动 1 号皮带，同时运料车开始减速，当运行到位置 B 时停止运行。1 号皮带运行后经过一定的延时（时间编程软件的变量表设定）后自动启动 2 号皮带。两条皮带

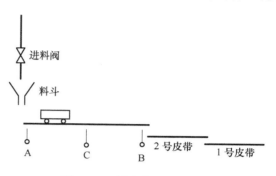

图 5-9 运料小车工艺流程图

由用接触器进行控制的两台不可逆的三相异步电动机驱动。运料车到达位置 B 停车，开始卸料（不带电气控制），5s 卸完，小车从位置 B 自动返回位置 A。小车返回时经过位置 C 时开始减速，同时 2 号皮带停止运行，再经过 5s 后，1 号皮带停止运行。运料车回到位置 A 停车后等待进料进入下一循环，执行两次循环后自动停止在位置 A；如果在运行过程中操作工按下急停按钮，运料车和皮带机能够立即停止；如果在运行过程中，操作工按下停止按钮，则在当前周期完成之后，运料小车自动停于位置 A（位置 A、B、C 三处各设有一个接近开关）。

B 实训要求

（1）根据系统工艺及控制要求，绘制控制系统网络结构图。

（2）进行硬件选型，包括 PLC 模块、变频器及外围 I/O 设备选型。

（3）列出 I/O 分配表。

（4）列出变频器参数表。

（5）绘制 PLC 程序设计流程图。

（6）完成 PLC 程序设计，并上机调试，通过验证后，写出具体的源程序（附抓屏图）。

（7）提交实训报告。

5.3 实训项目三 MM440 变频器在电梯控制中的应用

5.3.1 实训目的

（1）进一步巩固"通用变频器及其应用"课程及前期相关课程"电力电子技术"、"交流调速系统"的基础理论知识。

（2）学会参看"MM440 使用大全"，掌握 MM420 变频器的原理、构成及功能。

（3）掌握 MM440 变频器 DI/DO、AI/AO 端子的接线方法。

（4）掌握编码器的选型及参数设置。

（5）掌握调试步骤及加减速曲线的调整优化。

5.3.2　实训任务及功能要求

（1）掌握电梯控制中变频器、制动电阻、编码器的选型。
（2）掌握系统的模拟接线。
（3）掌握系统的模拟调试及运行。
（4）编写实训报告。

5.3.3　实训设备及元器件

（1）常用电工工具（一套），电动工具及辅助测量用具等。
（2）常用仪表。
（3）MM440 变频器及电梯控制实训装置。

5.3.4　实训相关知识

5.3.4.1　概述

电梯的主要部分由土建、机械和电气等组成，机械部分有导轨、轿厢、对重、钢丝绳以及其他部分，电气部分由主控制板、变频器、曳引机等部分组成。

MM440 变频器可以控制电梯从静止到平滑期间提供 200% 的 3s 过载能力。MM440 的矢量控制和可编程的 S 曲线功能，使轿厢在任何情况下都能平稳地运行且保证乘客的舒适感，特别在轿厢突然停止和突然启动时。MM440 变频器内置了制动单元，用户只需选择制动电阻就可以实现再生发电制动，具有明显的节能效果。

5.3.4.2　MM440 变频器在电梯控制中的实现

A　制动电阻的选型

电梯是一种垂直运输工具，它在运行中不但具有动能，而且具有势能。它经常处在正转反转交替，反复启动、制动过程中。一般情况下，电梯控制采用的是能耗制动。

在电梯应用中，制动电阻阻值绝对不小于表 5-4 中对应值。制动电阻连续功率最好按表中峰值功率选，至少要保证在一次全程检修运行中满功率制动而不过热，因为当轻载上升或重载下降时，电动机长时间处于制动状态。例如 5.5kW 变频器，制动电阻阻值为 56Ω，功率至少为 3900W，同时设置 P1237 = 5，P1240 = 0，制动电阻连接在 B + 、B − 端。

表 5-4　制动电阻值

MM440 订单号	功率 /kW	额定电压 /V	制动电阻 订货号	电阻值 /Ω	电阻额定 功率/W	电阻最大 功率/W
6SE6440-2UD13-7AA0	0.37	380 ~ 480	6SE6400-4BD11-0AA0	390	100	2000
6SE6440-2UD15-5AA0	0.55	380 ~ 480	6SE6400-4BD11-0AA0	390	100	200
6SE6440-2UD17-1AA0	0.75	380 ~ 480	6SE6400-4BD11-0AA0	390	100	200
6SE6440-2UD21-5AA0	1.1	380 ~ 480	6SE6400-4BD11-0AA0	390	100	2000

MM440 订单号	功率/kW	额定电压/V	制动电阻订货号	电阻值/Ω	电阻额定功率/W	电阻最大功率/W
6SE6440-2UD22-2BA0	1.5	380~480	6SE6400-4BD11-0AA0	390	100	2000
6SE6440-2UD23-0BA0	2.2	380~480	6SE6400-4BD12-0BA0	160	200	4000
6SE6440-2UD24-0BA0	3	380~480	6SE6400-4BD12-0BA0	160	200	4000
6SE6440-2UD25-5CA0	4	380~480	6SE6400-4BD12-0BA0	160	200	4000
6SE6440-2UD27-5BA0	5.5	380~480	6SE6400-4BD16-5CA0	56	650	1300
6SE6440-2UD31-1CA0	7.5	380~480	6SE6400-4BD16-5CA0	56	650	13000
6SE6440-2UD31-5DA0	11	380~480	6SE6400-4BD16-5CA0	56	650	13000
6SE6440-2UD31-8DA0	15	380~480	6SE6400-4BD21-2DA0	27	1200	24000
6SE6440-2UD32-2DA0	18.5	380~480	6SE6400-4BD21-2DA0	27	1200	24000
6SE6440-2UD13-0EA0	22	380~480	6SE6400-4BD21-2DA0	27	1200	24000
6SE6440-2UD13-7AA0	30	380~480	6SE6400-4BD21-2DA0	15	2200	44000

B　脉冲编码器

脉冲编码器是对于传动装置的驱动性能稳定运行具有十分关键的意义，现场调试人员务必认真安装、调校。脉冲编码器与脉冲编码器模板的连接线必须采用屏蔽线，最好采用双绞屏蔽线，在编码器一侧预留屏蔽接地点，以便在特殊情况下采用双端屏蔽。原则上该连接线应使用无断头屏蔽线，如无法避免断头，必须对不断头连接处作屏蔽处理。表 5-5 所示为编码器的技术规格。

表 5-5　编码器的技术规格

工作温度/℃	−10 ~ +50
存放温度/℃	−40 ~ +70
湿度/%	90（相对湿度，无结露）
最大脉冲频率/kHz	300
每转动一圈的脉冲数	可达 5000
TTL 和 HTL 的选择	通过链接的线路
防护等级	IP20
编码器的供电电源/V	5（1 + _5%）@330mA 或 18 不可调@ 140mA，抗短路
外形尺寸/mm × mm × mm	164（高）×73（宽）×42（深）

a　脉冲编码器模板

脉冲编码器的脉冲信号转换成变频器可识别的转速信号，脉冲编码器与脉冲编码器模板的连接线必须采用屏蔽线，在模板一侧必须接地，暴露于屏蔽层外的部分尽量短，编码器的外观如图 5-10 所示。

需要说明以下几点。

（1）编码器模板可以用于高压晶体管逻辑（HTL）和晶体管-晶体管逻辑（TTL）数值编码器。

（2）编码器模板的电源是通过变频器面板上的一个 40 线接插头，直接给 MICROMAS-

TER400 变频器供电的。

（3）在下列情况下，为了编码器模板的正常工作，必须提供一个外部电源（接线方法如图 5-11 所示）：编码器消耗的电流为 140mA 或更大时，电源电压为直流 18 ~ 24V；编码器消耗的电源为 330mA 或更大时，电源电压为直流 5V；所用的电缆长度大于 50m 时，供电电源的电压必须与编码器模板的要求相匹配，并且不超过直流 24V。

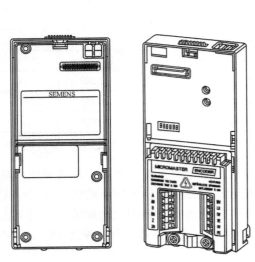

图 5-10　脉冲编码器的外观

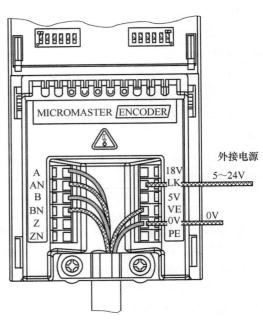

图 5-11　具有外接电源的编码器

（4）如果变频器上安装的选件不止一个，必须按照图 5-12 和图 5-13 所示的顺序和步骤进行安装。

b　屏蔽及端子、DIP 开关

为了保证编码器能够正确完成其功能，必须遵照下面列出的指导原则：

（1）编码器模板与编码器之间的连接只能采用具有双绞线的屏蔽电缆。

（2）电缆的屏蔽层必须与编码器模板上的屏蔽线接线端子相连接，如果编码器电力具有"屏蔽/地/接地"接地端，这一接线段应该与编码器模板上的 PE（保护接地）端子相连接。

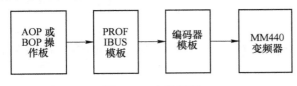

图 5-12　安装顺序

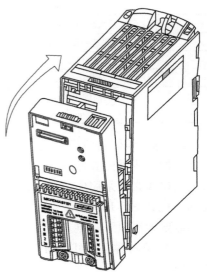

图 5-13　安装步骤

（3）信号电缆安装的位置一定不要紧靠动力电缆。

（4）编码器模板上的 DIP 开关是供用户正确地选择与编码器模板连接的编码器的设定值（单端输入后差动输入），见表 5-6。

表 5-6 DIP 开关的设定值

DIP-开关	1	2	3	4	5	6
编码器的类型						
TTL-120 单端输出	ON	ON	ON	ON	ON	ON
TTL 差动输入	OFF	ON	OFF	ON	OFF	ON
TTL > 5kΩ 单端输入	ON	OFF	ON	OFF	ON	OFF
HTL 差动输入	OFF	OFF	OFF	OFF	OFF	OFF

c TTL 编码器和 HTL

为了调试 TTL 编码器连接的编码器模板应完成以下几个步骤（见图 5-14）：

（1）确认变频器电源已经断开。

（2）确认 DIP 开关已经根据编码器的类型正确地进行了设定。请参看表 5-6。

（3）把编码器模板的"LK"和"5V"端子（请参看下面的"说明"）连接到一起（这一端子具有短路保护功能）。

（4）把编码器模板的"VE"和"OV"端子与编码器的电源连接在一起。

（5）对应连接编码器及其模板的 A、AN、B、BN。

（6）接通变频器的电源电压。

（7）进行参数化。

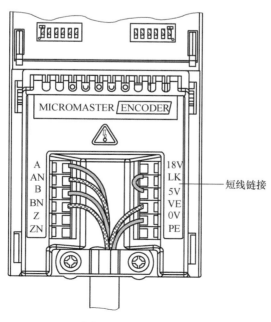

图 5-14 TTL 编码器

说明：

（1）如果编码器的类型属于 TTL 差动输入方式，并且要求使用的电缆很长（大于 50m），那么 DIP 开关"2"、"4"和"6"可设定"ON"这样可以使终端阻抗的作用激活。

（2）5V 端子是电源电压，其允许的变化范围 ±5%。

（3）如果编码器的类型属于 TTL 单端输入方式，就只有一条接到"A"通道的连线。

HTL 编码器的接线如图 5-15 所示，需要把编码器磨边的"LK"和"18V"端子（请参看下面的"说明"）连接到一起（这一端子具有短路保护功能）。

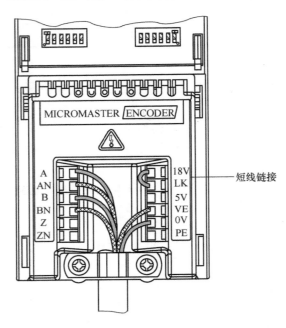

图 5-15　HTL 编码器

d　编码器模板的参数化

为了使编码器模板的功能与变频器正确的匹配，必须对表 5-7 中的编码器模板参数进行设定。

表 5-7　参数设置

参　数	名　称	数　值
r0061	转子速度	指示转子的速度，用于检查系统工作是否正常
r0090	转子角度	指示当前转子所处的角度，单输入通道的编码器无这一功能
P0400	编码器的类型	0 = 无编码器， 1 = 单输入通道（A）， 2 = 无零脉冲的正交编码器（通道 A + B），是指两个周期函数的相位相差四分之一周期或 90

续表 5-7

参　数	名　称	数　值		
r0403	编码器的状态字	以位格式的形式显示编码器的状态字		
	位 00	编码器模板投入工作	0	否
			1	是
	位 01	编码器错误	0	否
			1	是
	位 02	信号正确	0	否
			1	是
	位 03	低速时编码器的速度信号丢失	0	否
			1	是
	位 04	采用了硬件定时器	0	否
			1	是
P0408	每转一圈的脉冲数	规定编码器每转一圈所发出的脉冲数		
P0491	速度信号丢失时的应对措施	选择速度信号丢失时应采取的措施，设定值： 0 = 不切换为 SLVC（无传感器矢量控制）方式， 1 = 切换为 SLVC 方式		
P0492	允许的速度偏差	用于高速运行的编码器速度信号丢失的检测。 　在尚未认定速度反馈信号已经丢失之前在两次采样之间计算速度信号时允许的速度偏差（缺省值 = 根据惯量计算的值，范围在 0 ~ 100.00 之间）。 　相关信息：当 r0345（电动机的启动时间）改变或速度环的优化已经完成（P1960 = 1）时，这一参数也被刷新。 　高速情况下编码器信号丢失时，在动作之前有一个 40ms 的延时时间。 　注意： 　当允许的速度偏差被设定为零时，高速和低速编码器信号丢失的检测功能是被禁止的，这时，不能检测到编码器速度信号的丢失，如果编码器速度信号丢失的检测功能被禁止，而又出现了编码器速度信号丢失的情况那么电动机的运行会变得不稳定		
P0494	速度信号丢失时采取应对措施的延迟时间	用于低速运行的编码器速度信号丢失的检测。 　如果电动机轴的速度低于参数 P0492 设定的数值，那么，可以采用一种算法来检测编码器速度信号是否丢失。这一参数用于选择低速时编码器出现信号丢失与随之采取应对措施之间的延迟时间（缺省值 = 根据惯量计算的值范围在 0 ~ 64.000s 之间）。 　相关信息；当 r0345（电动机的启动时间）改变或速度环的优化已经完成（P1960 = 1）时，这一参数也被刷新。 　注意： 　当延迟时间设定为 0 时，低速时编码器信号丢失的检测被禁止，不能对低速时编码器信号的丢失进行检测（如果 P0492 > 0，高速时编码器信号丢失的检测仍然有效）。如果低速时编码器信号丢失的检测功能被禁止，而在低速时又出现了信号丢失的情况，那么，电动机的运行可能变得不稳定		
P1300	控制方式	21 = 闭环速度控制 23 = 闭环转矩控制		

说明：

允许选用的编码器的分辨率（每转一圈发出的脉冲数）受到编码器模板的最大脉冲频率的限制（$f_{max} = 300\text{kHz}$）根据编码器的分辨率和它的转动速度（r/min）采用下列方程式来计算编码器输出的脉冲频率（编码器输出的脉冲频率必须低于编码器模板的最大脉冲频率）。

$$f_{max} > f = 每圈的脉冲数 \times 转动速度 / 60$$

例如：有一个编码器，每转动一圈发出 1024 个脉冲。设其转速为 2850r/min。发出的冲频率为 $f = 48.64\text{kHz} < f_{max} = 300\text{kHz}$，因此，这一编码器可以与编码器模板一起配合使用。参数 P0492 的单位是 Hz/ms。如果变频器输出频率的变化率（单位时间内的输出频率变化）大于最大允许的输出频率的变化率（P0492），变频器将跳闸，故障码为 F0090。

C　基本调试步骤

快速调试见表 5-8。

表 5-8　快速调试参数表

参　数　号	参　数　简　介	调　试　简　介
P0003 = 3	参数访问级	
P0010 = 1	快速调试时 = 1	
P0100 = 0	适用于欧洲/北美地区	快速调试时设置，一般不用修改
P0205 = 0	变频器的应用领域	快速调试时设置，一般不用修改
P0300	同/异步电动机选择	快速调试时设置，一般异步电动机不用改
P0304	电动机的额定电压	快速调试是按电动机铭牌设置
P0305	电动机的额定电流	快速调试是按电动机铭牌设置
P0307	电动机的额定功率	快速调试是按电动机铭牌设置
P0308	电动机的额定功率因数	快速调试是按电动机铭牌设置
P0309	电动机额定效率	快速调试是按电动机铭牌设置
P0310	电动机额定频率	快速调试是按电动机铭牌设置
P0311	电动机额定转速	快速调试是按电动机铭牌设置
P0320	电动机磁化电流	电动机铭牌无功率因数时需作空载测试，否则可用变频器计算
P0640 = 200	电动机的过载因素	
P0700 = 1	选择命令源	1 = 面板控制
P1000 = 31	给定命令源	主给定 = MOP，副给定 = 固定频率，用模拟量给定 P1000 = 2
P1200	斜坡上升时间	
P1121	斜坡下降时间	
P1300 = 21	控制方式	带编码器矢量控制
P1500/1910/1916		暂时略过
P3900 = 1	快速调试结束	进行电动机数据的计算，显示 busy，稍后结束

参 数 号	参 数 简 介	调 试 简 介
P0625	电动机环境温度	
P1800 = 6 ~ 10	脉冲频率，用于抑制电动机噪声	首先保证噪声指标合格，在使 PI800 尽量小，以降低变频器发热
P1910 = 1	电动机参数优化	置1后显示 A0541，结束是自动回零

操作：确保电动机抱闸抱住，闭合变频器输入、输出接触器，由 BOP 启动变频器，自动测量，稍后显示 busy，稍后结束

P1910 = 3	电动机磁通曲线参数优化	置1后显示 A0541，结束是自动回零

操作：确保电动机抱闸抱住，闭合变频器输入、输出接触器，由 BOP 启动变频器，自动测量，稍后结束

P0400 = 2	编码器形式	
P0408	编码器脉冲数	
P1960 = 1	速度控制器的优化	置1后显示 A0542，结束是自动回零

操作：脱开钢丝绳，松开电动机抱闸，闭合变频器输入、输出接触器，由 BOP 启动变频器，自动测量，稍后结束

基本参数设置见表 5-9。

表 5-9 基本参数设置表

参 数 号	参 数 简 介	调 试 说 明
P0295 = 600	停车后风机延时停止	
P0341	电动机的转动惯量	按电动机铭牌设置或由速度控制器的优化来测量
P0342	总惯量/电动机惯量的比值	可有速度控制器的优化测量或手动输入，仅在需要加速度与控制使用
P0491 = 1	速度型号丢失时采取的对措施	切换为 SLVC 控制方法
P0492 = 5	高速时速度信号丢失允许的偏差	5Hz
P0494 = 500	低速时反馈信号丢失应对的偏差	500ms
P0700 = 2	选择命令源	2 = 端子控制
P0701 = 17	选择数字输入 1 的功能	二进制编码 + ON
P0702 = 17	选择数字输入 2 的功能	二进制编码 + ON
P0703 = 17	选择数字输入 3 的功能	二进制编码 + ON
P0704 = 1	选择数字输入 4 的功能	正向启动
P0705 = 2	选择数字输入 5 的功能	反向启动
P0706 = 4	选择数字输入 6 的功能	急停
P0731 = 52. 3	选择数字输入 1 的功能 = 故障	数字输出继电器设置与电梯控制关系密切。 52.3 故障，52.1 驱动装置运行准备就绪，52.2 装置正在运行。
P0732 = 53. 5	选择数字输入 2 的功能 = 零速	52.12/c 电动机抱闸制动投入，P2150 = XX 零速点设置，53.3 零数
P0733 = 52. 2	选择数字输入 3 的功能 = 运行	
P1002 = 3	固定频率 2	在平层速度
P1003 = 3	固定频率 3	爬行速度

续表 5-9

参 数 号	参 数 简 介	调 试 说 明
P1004 = 12	固定频率 4	检修速度
P1005 = 48	固定频率 5	单层速度
P1006 = 12	固定频率 6	检修速度
P1007 = 48	固定频率 7	多层速度
P1036 = 2852	Mop 减速命令源	在松闸 0.7s 后撤掉启动速度
P1040 = 1.2Hz	Mop 的设定值	启动速度
P1060 = 20s	点动的斜坡上升时间	启动速度上升时间
P1061 = 5	点动的斜坡下降时间	启动速度上升时间
P1074 = 2853		在松闸 0.7s 后开始加速
P1120	斜坡上升时间	
P1121	斜坡下降时间	
P1124 = 2853	能使点动斜坡时间	
P1130	斜坡上升起始段圆弧时间	
P1131	斜坡上升结束段圆弧时间	
P1132	斜坡下降起始段圆弧时间	
P1133	斜坡下降结束段圆弧时间	
P1215 = 1	使能抱闸制动	抱闸接触器由变频器控制及使用启动速度时速要设置
P1216 = 0.7	释放抱闸制动的延时时间	抱闸接触器由变频器控制及使用启动速度时速要设置
P1217 = 0.7	斜坡下降后的抱闸时间	抱闸接触器由变频器控制及使用启动速度时速要设置
P1237 = 5	动力制动	动力制动周期为 100%，本参数极为关键
P1240 = 0	直流电压控制器的组态	关闭最大电压控制器，本参数极为关键
P1300 = 21	控制方式	带编码器矢量控制
P1442 = 4	速度控制器滤波时间	
P1460 = 50	速度控制器的增益系数	
P1462 = 200	速度控制器的积分时间	
P1469 = 100	标定加速度预控	
P1511 = 2890/755.2	转矩附加设定值	有 P2890 设置固定附加转矩或有 AI2 输入转矩补偿（一般可不用）
P2155 = 0.3	零速	
P2156 = 800	零速延时	
P2157 = 800	速度控制参数切换频率	
P2158 = 50	速度控制参数切换延时	
P2800 = 1	激活自由功能块	
P2802.0 = 1	激活自由功能块	激活定时器 1
P2849 = 52.12	定时器 1 输入	定时器 1 输入 = 松闸信号
P2850 = 0.7	定时器 1 延时	定时器 1 延时 0.7s

续表 5-9

参 数 号	参 数 简 介	调 试 说 明
P2851 = 0	定时器 1 形式	定时器 1 = 通电延时
P0820 = 2198.1	DDS 切换命令源 0 位	用于高低速不同速度控制器参数切换
P0819.2 = 1	拷贝驱动数据组（DDS1-DDS2）	用于高低速不同速度控制器参数切换
P1460.1	高速时速度控制器的增益系数	
P1462.1	高速时速度控制器积分时间	

　　模拟量输入设置，许多控制器可同时提供模拟和固定频率两种给定，注意电压给定较容易引入干扰，用电流输入并使用双绞线效果较好，这里给出模拟给定的参考设置，更详尽的说明请参考使用大全。

　　（1）P1000 = 2；

　　（2）P0756 = 0，单极性电压输入（0 ~ +10V）/2，单极性电流输入（0 ~ 20mA），注意：使用电流输入时要使接口板上对应模拟输入通道的 DIP 开关拨到"ON"位置；

　　（3）P0757 ~ 0761，在 0 ~ 10V 输入下不用改变设置，其他情况参考使用大全。

　　D　加减速曲线的调整

　　加速曲线关系到舒适感和电梯运行效率。从舒适感讲，加减速曲线呈圆弧状及直线段越长舒适感越好，但会影响运行效率。图 5-16 为 MM440 关于加减速的参数功能示意图。

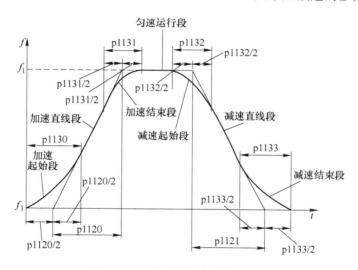

图 5-16　加减速的参数功能示意图

　　加减速部分的调整原则如下：

　　（1）平均加减速度不小于 0.5m/s^2；

　　（2）最大加速度不大于 1.5m/s^2；

　　（3）最大加加速度不大于 1.3m/s^2；

　　（4）根据梯速增大适当增加平均加速度。

　　下面给出几个公式便于使用者计算（前提：电动机在运行至 P1082 所设置的最高频率时，电梯达到设计速度）。

总加速时间：T_{up} = P1120 + 0.5 × (P1130 + P1131)，条件：P1120 ⩾ 0.5 × (P1130 + P1131)；

最大加速度：a_{max} = 额定梯速/P1120；

平均加速度：a = 额定梯速/T_{up}；

启动初始段加加速：J_1 = a_{max}/P1130；

启动结束段加加速：J_2 = a_{max}/P1131；

减速段可类推。

表5-10为供用户参考的加减设置。

表5-10　加减速设置参考表

梯速/m·s⁻¹	1		1.5		1.6		1.75		2	
曲线描述	两段圆弧式	圆弧加直线式	两段圆弧式	圆弧加直线式	两段圆弧式	圆弧加直线式	两段圆弧式	圆弧加直线式	两段圆弧式	圆弧加直线式
P1120	1	1.2	1.5	1.8	1.6	2	1.6	2	1.7	2.2
P1121	1	0.9	1.5	1.8	1.6	2	1.6	2	1.7	2.2
P1130	1	0.9	1.5	1.2	1.6	1.2	1.6	1.2	1.7	1.2
P1131	1	0.9	1.5	1.2	1.6	1.2	1.6	1.2	1.7	1.2
P1132	1	0.9	1.5	1.2	1.6	1.2	1.6	1.2	1.7	1.2
P1133	1	0.9	1.5	1.2	1.6	1.2	1.6	1.2	1.7	1.2
最大加速度/m·s⁻²	1	0.83	1	0.83	1	0.8	1.1	0.875	1.18	0.9
平均加速度/m·s⁻²	0.5	0.5	0.5	0.5	0.5	0.5	0.55	0.55	0.59	0.59
最大加速度/m·s⁻²	1	0.92	0.67	0.69	0.625	0.67	0.69	0.73	0.69	0.75
总加/减速时间/s	2	2	3	3	3.2	3.2	3.2	3.2	3.4	3.4

按照上述原则，调整参数 P1121、P1132、P1133，基本同加速部分。这里需要注意：减速段的调整，关系到停车后的平层问题。

（1）在按距离原则控制的高档高速梯中，电梯是按减速曲线直接停靠的，此时控制系统计算测速脉冲以判断距离，并控制电梯以预置曲线停车。

（2）在中、低速梯中，多按时间控制原则停车。平层完全靠减速曲线控制且多设置一个爬行段，即电梯从高速减速到爬行速度，再检测到平层开关时即停车。如爬行段过长，不仅影响效率，且会使乘客感觉速度已经很低甚至已停，但门迟迟不开，此时可配合调整 P1121、P1132、P1133 甚至爬行速度以缩短爬行段。

E　速度控制器的调整

（1）相关参数。

P1442——速度实际值的滤波时间；

P1460——速度控制器的增益系数；

P1462——速度控制器的积分时间。

（2）调整原则。调整原则如图 5-17 所示。

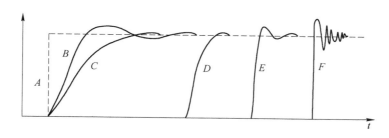

图 5-17 调整原则

图 5-17 中，A 为速度给定信号，其余为反馈曲线；B：P1460 和 P1462 都偏小；C：P1460 偏小，低速时控制效果差，高速时振动小；D：最优；E：轻微超调，P1460 偏大，P1462 偏小，低速时控制效果好，高速时可能会振动大，在需要较高动态响应时采用；F：严重超调，P1460 太高，P1462 太小。

补充说明：减小 P1442 有助于抑制超调。但太小时反应过于灵敏，系统容易震荡。P1442 大时，可减轻由负载波动引起的频繁调整，但会引起超调，尤其是停车时容易过冲。调试时该参数一般先不动，可作为辅助手段与 P1460、P1462 配合调整。

（3）自动化功能。

MM440 有速度控制器自动优化功能，但在电梯应用中，仅能在曳引机脱开钢丝绳的情况下进行，此时还可测出转动惯量，但在挂上钢丝绳（即挂上轿厢）后，由于负载特性和位置限制，不能做自动优化，只能根据速度波形手动调整。建议用户可预置 P1460 = 50，P1462 = 200，然后根据实测速度曲线手动调整。

（4）高低速时速度控制器参数的切换。

高比例倍数有利于低速时的加减速控制，但在高速运行时如机械系统不理想可能会发生轻微振动，这时可采用高速、低速不同比例倍数。具体方法参考表 5-11 和表 5-12。在低层低速梯上也可不用切换。

表 5-11 高低速切换表一

P0819.2 = 1	P0819.0 = 0，P0819.1 = 1，P0819.2 = 1 拷贝 DDS1 到 DDS2
P0802 = 53.4	超过 P2155 所设置的频率时，激活 DDS2
P1460.1	设置 DDS2 中速度控制器 K_p
P1462.1	设置 DDS2 中速度控制器 K_i
P2157 = ××Hz	超过 P2157 所设置的频率时，激活 DDS2

表 5-12 高低速切换表二

参考值	P146.0	P1460.0	P1462.0	P1462.1
低速	30~70		200~300	
高速		20~40		300~500

F　启动速度的设置

使用启动速度（俗称小平台）是为了克服启动时的静摩擦力，尤其是对机械部分静摩擦力较大，如导轨与轿厢间隙稍小，或无称重补偿时，使用效果较好。具体参数见表5-13。

表5-13　启动速度设定

参　数　号	设　置　值	含　义
P1040	1.2	给定信号小平台 = 1.2Hz
P1060	20	MOP 加速时间
P1216	0.7	抱闸打开延时
P2850	0.7	定时器 1 延时 0.7s

说明：P1040 越小，启动感觉越小，但太小时，如小于 0.2Hz 时，作用不明显，建议在 0.3～1.5Hz 之间调整，以轿厢启动时感觉轻微，随后平稳加速为好。P2850 应保证在松闸后电动机从零速以 P1060 加速到 P1040，一般可设为 0.5～1s。

5.3.5　课后训练

A　控制要求

（1）有两台电动机拖动两台气泵，一台变频器控制一台电动机实现变频调速，另一台工频运行。

（2）若一台气泵变频到 50Hz 压力还不够，则另一台气泵全速运行；当压力超过上限压力时，变频泵速度逐渐下降，当降至最低时若压力还高，切断全速泵，由一台变频泵变频调速控制压力。

（3）变频调速采用传感器输出的 4～20mA 标准信号，反馈给变频器进行 PID 运算调节输出转速控制。

B　实训要求

（1）根据系统工艺及控制要求，绘制控制系统网络结构图。

（2）进行硬件选型，包括 PLC 模块、传感器变频器及外围 I/O 设备选型。

（3）列出 I/O 分配表。

（4）列出变频器参数表。

（5）绘制 PLC 程序设计流程图。

（6）完成 PLC 程序设计，并上机调试，通过验证后，写出具体的源程序（附抓屏图）。

（7）提交实训报告。

参 考 文 献

［1］孟晓芳．西门子系列变频器及其工程应用［M］．北京：机械工业出版社，2008.

［2］韩安荣．通用变频器及其应用［M］．北京：机械工业出版社，2005.

［3］王廷才．电力电子技术［M］．北京：高等教育出版社，2006.

［4］陶权，吴尚庆．变频器应用技术［M］．广州：华南理工大学出版社，2007.

［5］王建，杨秀双．西门子变频器入门与典型应用［M］．北京：中国电力出版社，2012.

［6］周志敏，纪爱华．西门子变频器工程应用与故障处理实例［M］．北京：机械工业出版社，2013.